RENATE SCHMIDT

TÖPFERN

NEUE PFIFFIGE IDEEN

RENATE SCHMIDT

TÖPFERN

NEUE PFIFFIGE IDEEN

SCHNELLER ERFOLG BEIM TÖPFERN OHNE SCHEIBE

AUGUSTUS VERLAG

INHALT

VORWORT

Ton ist ein Material, das viele Menschen fasziniert, und es gibt kaum jemanden, der sich für Geschirr oder Ziergegenstände aus Keramik nicht begeistert.

Mit diesem Buch können Sie sich selber an die Herstellung von Töpferwaren wagen – und Sie werden sehen, wieviel Spaß Sie dabei haben.

Alle hier gezeigten Objekte sind in der Aufbautechnik gearbeitet, das heißt, daß Sie sich keine Töpferscheibe zulegen müssen. Und wenn Sie sich erst einmal mit einigen grundlegenden Handgriffen und dem Material Ton vertraut gemacht haben, wird auf das erste Stück bald das nächste folgen. Und sicher entstehen schöne Teller oder Vasen, lustige Blumenstecker oder Kantenhocker dann nicht nur für Ihr eigenes Zuhause, sondern auch für das von Freunden und Verwandten.

Blättern Sie am besten gleich los, suchen Sie sich ein Objekt heraus, das Ihnen gefällt und schon kann es losgehen. Sie werden überrascht sein, wie kunstvoll die Dinge sind, die unter Ihren Händen entstehen, und es würde mich nicht wundern, wenn Ton auch bald zu Ihrem Lieblingswerkstoff würde.

Ihre
Renate Schmidt

MATERIAL

TON UND SEINE EIGENSCHAFTEN

Ton ist fein zerkleinertes Urgestein, das im Laufe der Jahrmillionen durch die verschiedenen Witterungseinflüsse zersetzt wurde. Gletscher und Wasser transportierten das verwitterte Gestein weiter, sogar bis ans Meer.
Je nach Gesteinsart gibt es verschiedenfarbige Tonmassen. Durch die chemische Umwandlung beim Brennen verändert sich die Farbe des Tons: Roter (eisenoxidhaltiger) Ton ist im Rohzustand ockerfarbig, weißer (kaolinhaltiger) vorher cremeweiß und schwarzer (manganoxidhaltiger) ist braungrau. Je nach Konzentration der Beimengungen gibt es noch Zwischenstufen.
Man unterteilt den Ton in fette und magere Qualität. Fetter Ton fühlt sich glatt und speckig an. Er hat einen hohen Wassergehalt und ist feinschamottiert, wodurch er sich sehr leicht formen läßt. Allerdings verliert er dadurch beim Trocknen und Brennen stark an Volumen, weswegen die Gefahr besteht, daß er sich verzieht oder einreißt. Man verwendet fetten Ton als Drehmasse und für kleine, filigrane Gegenstände, wie Blüten, Blätter, Perlen...
Magerer Ton fühlt sich stumpf und rauh an. Er enthält weniger Wasser und ist grobschamottiert, wodurch er nicht so bildsam ist. Beim Trocknen und Brennen ist die Schwindung geringer. Magerer Ton wird zur Herstellung von Kacheln und als Aufbaumasse eingesetzt.
Der im Handel angebotene Ton ist heute gut aufbereitet. Nach dem Abbau wird er von Verunreinigungen befreit, die sich auf dem »Transportweg« bis zur Ablagerungsstätte beigemengt haben. Außerdem ist man inzwischen dazu übergegangen, verschiedene Tonsorten und andere Rohstoffe zu vermischen, um eine gleichbleibende Qualität sicherzustellen.
Ton wird in 10 kg-Abpackungen (Hubel) im Fachhandel (Hobby- bzw. Bastelläden, Töpfereizubehör, Töpfereien) angeboten. Fragen Sie beim Kauf, ob der Ton verarbeitungsfähig ist oder noch geschlagen werden muß. Dies ist der Fall, wenn im Ton noch Luft eingeschlossen ist.
Luft dehnt sich bei Wärme aus; das bedeutet, daß Lufteinschlüsse den Ton im Brennofen reißen lassen und bei größeren Einschlüssen sogar zum Explodieren bringen, wobei auch andere Werkstücke im Ofen beschädigt werden können.
Zum Schlagen schneiden Sie die benötigte Menge Ton ab, werfen den Tonklumpen mehrmals von allen Seiten auf die Unterlage oder kneten die Masse wie Hefeteig.

WELCHEN TON VERWENDE ICH?

Da die in diesem Buch vorgestellten Objekte in Aufbautechnik gearbeitet sind, empfehle ich Ton, dem 20 bis 25% Schamotte der Korngröße 0 bis 0,5 mm beigemischt sind. Schamotte ist vorgebrannter Ton, der fein zerkleinert der Tonmasse wieder zugegeben wird und dem Ton dadurch Stabilität und Halt verleiht. Etwas größere und höhere Objekte sacken bei der Verarbeitung einer derartigen Tonmasse nicht zusammen.
Generell kann man sagen, je höher aufgebaut werden soll, umso höher muß der Schamotteanteil im Ton sein.

LAGERUNG DES TONS

Zur Lagerung des frischen Tons genügt ein Plastikbeutel, den man gut verschließt und in einem Eimer mit festsitzendem Deckel aufbewahrt. Dieser sollte kühl, aber frostfrei gelagert werden; so bleibt der Ton lange formbar.

AUFBEREITUNG VON HARTEM TON

Ist der Ton noch knetbar, aber von seiner Konsistenz her fester geworden, staucht man daraus einen Klumpen. Mit dem Schneidedraht etwa 2 cm dicke Scheiben abschneiden und diese so lange in feuchte Tücher wickeln, bis der Ton besser formbar ist.

Oder: Man bohrt in den Klumpen mit dem Kochlöffelstiel tiefe Löcher, die mit Wasser gefüllt werden. Nach wenigen Tagen kann das Ganze gut durchgeknetet und verarbeitet werden.
Sollte der Ton schon knochenhart geworden sein, zerkleinern Sie ihn mit einem Hammer in etwa walnußgroße Stücke. Diese füllt man in einen Behälter und gibt bis zu drei Vierteln der Höhe Wasser hinzu. Drei Wochen einweichen lassen, danach gut durchkneten.

ARBEITEN MIT TON

- Während des Töpferns sollte man nicht benötigten Ton mit einem feuchten Tuch oder einer Plastikfolie abdecken, da er sonst antrocknet.
- Beim Ausrollen von Platten den Ton immer abwechselnd umdrehen und in verschiedenen Richtungen ausrollen, damit es nicht zu einseitigen Spannungen kommt, die den Ton später reißen lassen.
- Beim Ausschneiden von Tonmotiven das Messer möglichst senkrecht halten.
- Ton »schrumpft« beim Trocknen und Brennen, d. h. daß eingelagertes Wasser verdunstet und die Tonteilchen näher zusammenrücken. Soll Ihr Objekt im Fertigstadium also ein bestimmtes Format haben, müssen Sie dies beim Modellieren mit berücksichtigen. Bei einer Aufbaumasse mit 20 bis 25% Schamotteanteil sind es im Durchschnitt etwa 10%, die beim Modellieren an Größe zugegeben werden müssen.
- Wird im folgenden die Bezeichnung »Ball« verwendet, bezieht sich das auf volle Tonkugeln – mit »Kugel« sind hohle Tonkugeln gemeint.
- Außerdem wird in der Arbeitsanleitung öfter von »lederhartem« Ton gesprochen. Damit ist ein Trockenstadium zwischen »feuchtplastisch« und »knochenhart« gemeint. Dies bedeutet, daß der Ton sich nicht weiter verformen läßt, aber noch feucht genug ist, um ihn zu schneiden.

TROCKNEN

Die fertig modellierten Arbeiten werden auf einer saugfähigen Unterlage (unbeschichtetes Holzbrett, Gipsplatte) zum Trocknen aufgestellt. Die ersten drei Tage mit Zeitungspapier abdecken. Dünne, anmodellierte Teile (z. B. Henkel) zusätzlich mit Plastikfolie abdecken, um ein spannungsfreies Trocknen zu ermöglichen.
In den ersten Tagen ist ein kühlerer Raum zu empfehlen, danach weiter bei normaler Raumtemperatur. Vor Zugluft, Hitze und direkter Sonneneinstrahlung schützen.
Dünnwandige Gefäße sind nach etwa einer Woche trocken, dickwandigere nach zwei bis drei Wochen. Je länger die Trockenzeit, umso geringer ist die Gefahr, daß die Arbeiten beim Brennen reißen.

VORSICHT!

Die getrockneten Gegenstände sind äußerst zerbrechlich! Daher nicht an vorstehenden Teilen, z. B. am Henkel anpacken, sondern nur am Boden als Ganzes umfassen. Beim Transport zur Brennstation gut in Watte, Zeitungspapier, Stoff o. ä. einwickeln und vorsichtig transportieren.

BRENNEN

Die Anschaffung eines eigenen Brennofens lohnt sich nur in den seltensten Fällen. Wenn Sie Ihre fertigen Werkstücke zum Brennen zu einem Töpfer in Ihrer Umgebung bringen, dann ist das effektiver und Sie können davon ausgehen, daß Ihr Objekt fachmännisch behandelt und gebrannt wird.
Bei welcher Temperatur gebrannt wird, richtet sich nach dem verwendeten Ton und sollte beim Kauf des Materials erfragt werden. Markieren Sie die Temperatur am besten gleich auf der Verpackung.

Beim Brennen unterscheidet man zwischen dem Schrühbrand bei ca. 900 °C und dem Glasur- oder Glattbrand bei ca. 1050 °C für Steingut oder ca. 1200 °C für Steinzeug. Nach dem Trocknen wird das Werkstück geschrüht. Es ist dann porös, kann in diesem Zustand aber gut glasiert und bemalt werden. Der Glasurbrand ist schließlich die letzte Station auf dem Weg zum fertigen Objekt. Durch die hohe Temperatur wird die chemische Zusammensetzung des Tons verändert. Dadurch entsteht seine feste, dauerhafte Form.

GLASIEREN

Glasuren sind glasähnliche Ausschmelzungen, die die »Rauhigkeit« des Tons überdecken und gleichzeitig der Farbgebung dienen. Im Fachhandel ist eine Vielzahl von Glasuren in unterschiedlichsten Farben und in matt, seidenmatt oder glänzend, von rauh bis ganz glatt und für verschiedene Brennbereiche erhältlich. Je nach Tonfarbe können die Glasuren auch unterschiedlich ausbrennen.

REZEPT FÜR EINE STREICHGLASUR

Setzen Sie die Glasur am besten in einem Schraubdeckelglas, z. B. einem sauberen Gurken- oder Marmeladenglas an. Gut kennzeichnen und von Kindern fernhalten!

- 200 g Glasurpulver
- + 1/3 TL Glasurkleber CMC 300 G oder anderer Glasurkleber (evtl. andere Mengenzugabe). Bewirkt als Glasurkleber, daß die Glasur am Scherben haften bleibt, und als Stellmittel, daß die schweren Bestandteile der flüssigen Glasur in der Schwebe gehalten werden.
- + 150 ml Wasser
- Mindestens über Nacht oder länger stehen lassen, damit der Kleber sich auflöst und das Glasurpulver sumpfen kann.
- Vor Gebrauch gut umrühren; am besten geht das mit einem Schneebesen oder Mixer.

Für die Modelle in diesem Buch wurden Glasuren im Brennbereich von 1020 °C bis 1080 °C verwendet. Die Glasur ist jeweils zweimal aufgetragen.

- Sind noch Klumpen enthalten, wird der Glasurschlicker durch ein Haarsieb gestrichen. Vorsicht: Es gibt auch Glasuren, die nicht durch ein Sieb gestrichen werden dürfen (s. Glasurkennzeichnung)!
- Vor und während des Gebrauchs immer gut umrühren.
- Gefäß zuerst von innen glasieren. Die Glasur wird mit einem normalen Pinsel auf den geschrühten Scherben (nach dem ersten Brand) *gestrichen*! Sollte die Glasur beim Auftragen klumpig werden, dann ist sie zu dick eingestellt. Dies wird durch Zugabe von wenig Wasser (etwa 1 bis 2 EL, evtl. mehr) behoben.Wenn die naß glänzende Glasur in matt umschlägt, erfolgt ein zweiter Auftrag. Danach können mit der gleichen Glasur oder mit einer anderen noch an einigen Stellen Effekte aufgestupft werden. Auf der Standfläche nicht glasieren.

WICHTIG:

- Die zu glasierenden Scherben müssen staub- und fettfrei sein. Also die Hände vorher nicht eincremen! Fett ist wasserabweisend, d. h. der Ton würde an dieser Stelle keine Glasur aufnehmen.
- Glasuren für Geschirr dürfen nicht bleihaltig sein. Auf der Verpackung finden Sie die entsprechenden Hinweise.
- Bitte denken Sie daran, die Glasuren nicht mit Lebensmitteln in Berührung zu bringen und während des Glasuransatzes und des Glasierens nicht zu essen, zu trinken oder zu rauchen. Danach die Hände gründlich waschen.

VORBEREITUNG

ARBEITSPLATZ

Zum Töpfern eignet sich grundsätzlich jeder Raum, ob Küche, Keller etc. – sogar auf dem Balkon und im Garten kann gearbeitet werden.
Wie bei allen handwerklichen Tätigkeiten soll der Arbeitsplatz hell sein, am besten mit Tageslicht (es geht natürlich auch mit elektrischer Beleuchtung), und nicht zu warm. Besonders entspannend ist es, in der warmen Jahreszeit im Schatten von Bäumen zu arbeiten.

VORSICHT!

In der Nähe von Heizkörpern und bei direkter Sonneneinstrahlung entstehen durch zu schnelles Trocknen Risse in den Objekten.

UNTERLAGE

Als Unterlage empfehle ich aussortierte Tischdecken, Bettwäsche, Stoffreste – auch mit Löchern. Der Vorteil gegenüber dem unmittelbaren Arbeiten auf einem Holzbrett oder einer Gipsplatte besteht darin, daß Sie beim Ausrollen des Tons den Stoff anheben und die Tonplatte leicht vom Untergrund lösen können. Auf festem Untergrund »kleben« die Tonplatten gut fest und verziehen sich häufig beim Ablösen.
Zeitungspapier hat den Nachteil, daß es ziemlich stark Wasser aufsaugt. Wenn man das Papier vom Ton löst, bleiben oft Streifen hängen, die nur mühsam wieder vom Ton abzutrennen sind.
Probieren Sie die verschiedenen Unterlagen ruhig einmal aus – Zeitungspapier, ein unbeschichtetes Holzbrett, eine Gipsplatte oder Stoff – und finden Sie so heraus, welche Unterlage Ihnen am meisten entspricht.

WERKZEUGE

Das wichtigste Werkzeug sind die Hände. Daneben benötigen Sie nur wenige Arbeitsgeräte, die Sie z. T. im Haushalt finden, selbst herstellen oder nach und nach anschaffen können:

- Schneidedraht – kann man aus Perlonfaden mit Holzgriffen oder dicken Perlen selbst herstellen
- Tonrolle – ein Wellholz aus der Küche genügt für den Anfang
- Modellierhölzer – ersatzweise können Sie für den Anfang z. B. auch Eisstäbchen aus Holz, Koch-, Tee- und Eßlöffel verwenden
- Messer – z. B. Kartoffelmesser aus der Küche
- 2 gleiche Kanthölzer, etwa 40 cm lang, zwischen 0,5 cm bis 1 cm hoch, 2 bis 4 cm breit
- Modellierschlingen – ersatzweise Kaffeelöffel, Gabel
- Schaschlikspieße
- Zahnstocher
- Gumminiere – Ersatz z. B. Teigschaber
- Pfannenwender

Weitere Arbeitshilfen sind bei den einzelnen Objekten genannt.
Zum Verzieren und Strukturieren der Oberfläche können Sie ausgediente Schraubdeckel von Shampooflaschen, Senftuben, ausrangierte Kugelschreiber, Muscheln, Tortentüllen und interessante Utensilien aller Art sammeln und später vielleicht verwenden.

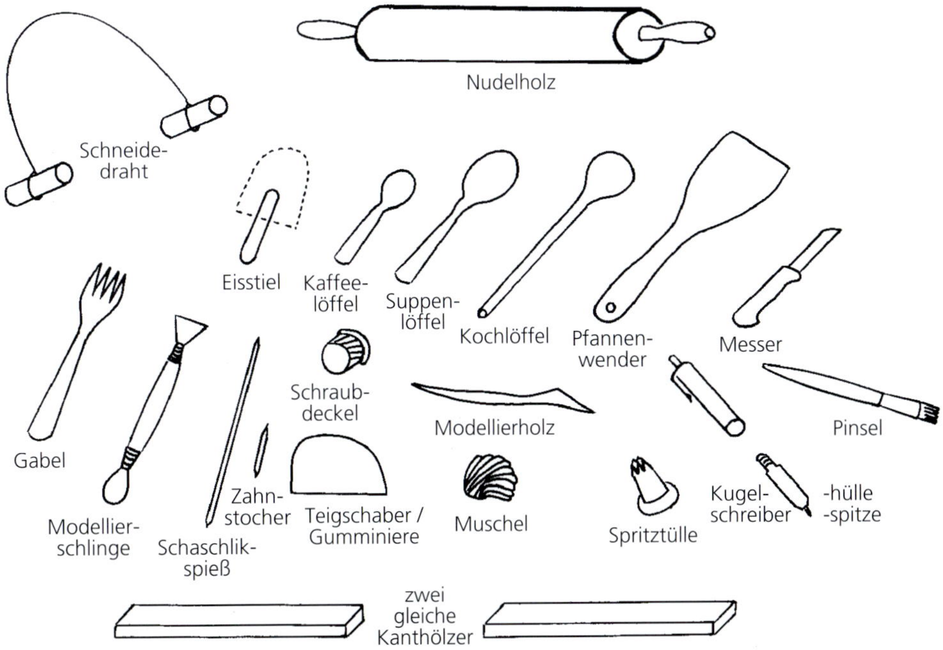

GRUNDTECHNIKEN MODELLIEREN

Im Grunde können Sie mit jedem der vorgestellten Objekte zu töpfern beginnen. Allerdings möchte ich Ihnen nahelegen, erst einmal die beiden Grundformen Tonwülste und Bälle zu üben, um etwas Gefühl und Gespür für den Ton zu bekommen, zumal diese wichtige Ausgangsformen für das Töpfern sind.

TON VOM TONBLOCK ABTRENNEN

Der Tonschneider wird an drei Seiten in entsprechender Höhe um den Tonblock angelegt. Durch gerades Ziehen an den Griffen des Tonschneiders (nicht über Kreuz) wird der Ton durchtrennt.
Den Tonvorrat verschließen
(s. Seite 8).

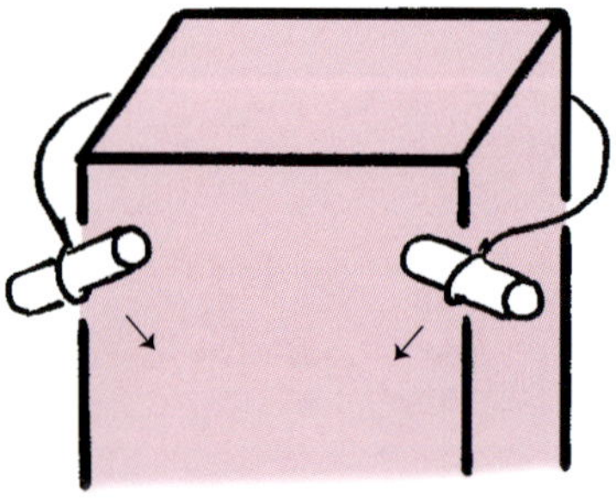

Abtrennen von Ton mit dem Tonschneider

TONKLEBER

Bei frischem Ton genügt es, zum Verbinden einzelner Teile Wasser zu verwenden. Ist der Ton schon etwas fester, nimmt man Schlicker. Schlicker ist ein aus Ton und Wasser angerührter Tonbrei (er soll die Konsistenz von Schlagsahne haben). Handhabung: Kontaktstellen damit bestreichen, zusammenpressen, so daß Luftblasen und Wassertropfen herausquellen können.

GRUNDFORM: TONWÜLSTE

Schneiden Sie ein walnußgroßes Stück Ton mit dem Schneidedraht, Zwirn oder Kunststoffaden ab.
Den Beutel wieder verschließen.
Rollen Sie den Ton zwischen den Händen zu einer Wulst, die Sie dann auf dem Untergrund mit einer Hand dünner und länger walzen. Dabei nicht zu fest aufdrücken, sonst verkanten Sie die Rolle.
Versuchen Sie auch einmal, die Finger beider Hände auf die Mitte der Rolle zu legen und während des Rollens mit leichtem Druck die Hände gleichmäßig voneinander weg zu bewegen.

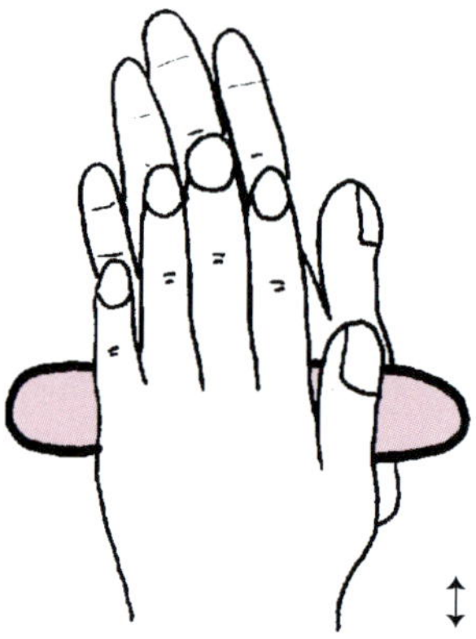

Aus einem Stück Ton wird eine Wulst gerollt

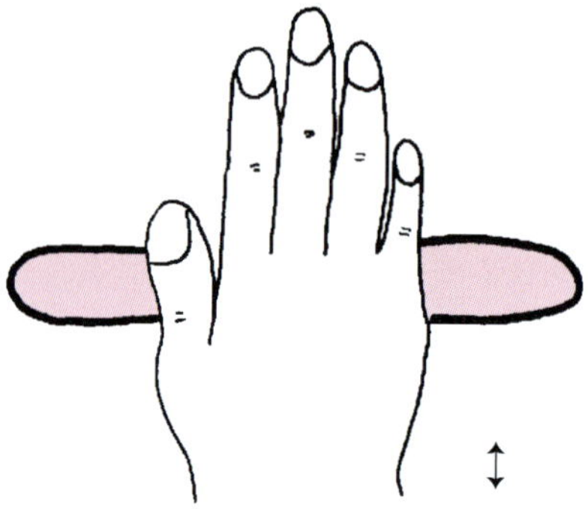

Die Wulst mit einer Hand auf der Unterlage dünner rollen

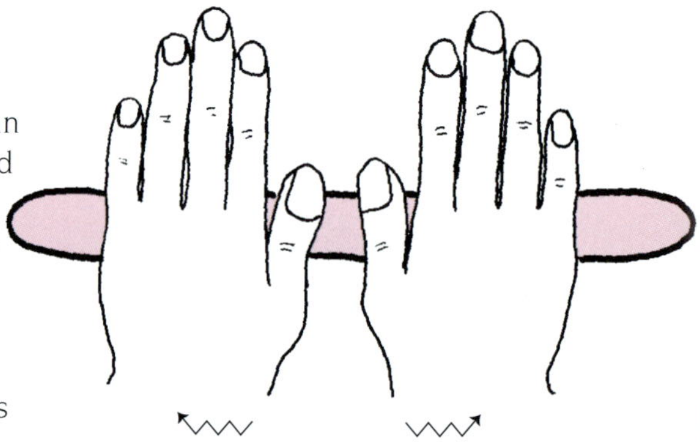

Die Rolle wird durch gleichmäßige Auswärtsbewegungungen beider Hände geformt.

SCHLANGE

Aus der entstandenen Wulst können Sie z. B. eine Schlange formen.
Die Augen entstehen aus einem kleinen Tonball (s. Grundform: Ball, Seite 12). Dieser wird mit dem Messer halbiert; die Hälften drücken Sie mit Tonkleber (s. Seite 10), etwa 2 cm vom Anfang der Rolle entfernt, nebeneinander fest.
Der Mund wird etwa 0,5 bis 1 cm tief eingeschnitten und nach Belieben etwas auseinandergebogen. Eventuell verpassen Sie der Schlange noch eine Zunge, die als plattgedrücktes Wulstende mit Tonkleber im Mund angeklebt und mit dem Modellierholz leicht angedrückt wird.
Den Körper können Sie einkringeln oder nur den Kopf anheben.

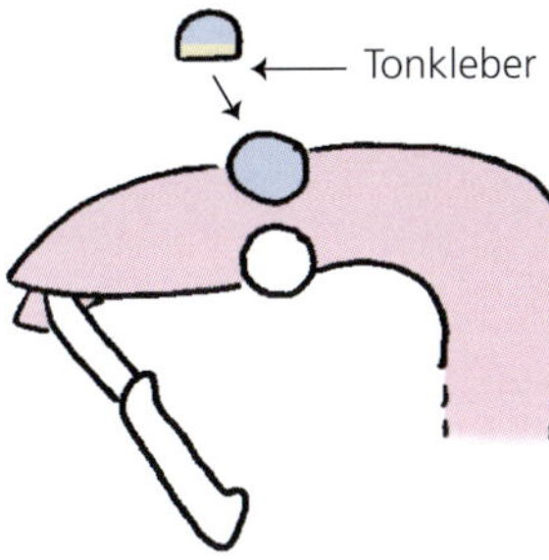

Die Augen mit Tonkleber anbringen, das Maul wird mit dem Messer eingeschnitten.

WURM

Ebenso können Sie aus der Wulst einen Wurm, z. B. für Ihren Blumentopf, modellieren. Dafür kerben Sie die Wulst ringsherum leicht ein.

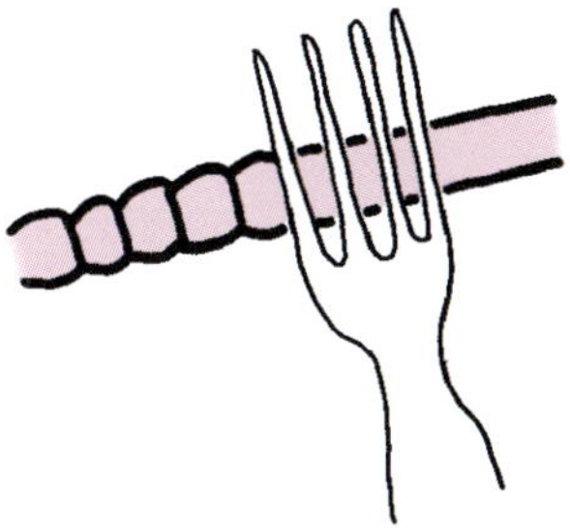

Mit einer Gabel die Wulst ringsherum einkerben (oder über Wellpappe rollen).

TIP

Ganz schnell kann man den Wurm segmentieren, wenn man die Wulst über Wellpappe rollt.

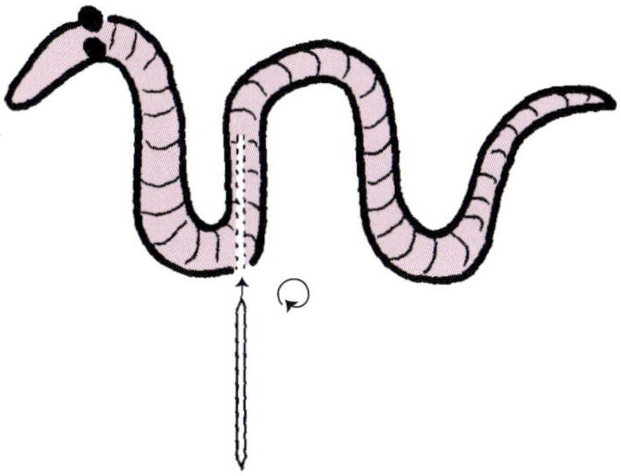

Mit einem spitzen Holzstäbchen wird ein Loch für die spätere Befestigung gedreht.

Modellieren Sie den Kopf wie bei der Schlange und biegen Sie den Wurm nach Ihren Vorstellungen. Damit er im Topf später nicht umkippen kann, stechen Sie von unten mit dem Schaschlikspieß ein Loch in den Körper und weiten dieses durch mehrmaliges Drehen des Spießes. Dort kleben Sie nach dem Brennen einen Draht oder Holzstab (Zahnstocher, Schaschlikspieß) fest und können den Wurm damit in den Blumentopf stecken.

Eine ganze Wurm-Familie ringelt sich hier durch den Sand. Was es wohl zu sehen gibt?

GRUNDFORM: BALL

Mit »Ball« ist eine volle Tonkugel gemeint.
Versuchen Sie aus einem mandarinengroßen Stück Ton einen Ball zu formen, indem Sie die Hände kreisförmig gegeneinander drehen.
Eine andere Methode ist folgende: Halten Sie eine Hand waagerecht und kugeln Sie mit der anderen Hand den Ton auf der Handfläche. Probieren Sie aus, welche Methode Ihnen besser zusagt, denn der Ball ist eine häufig gebrauchte Ausgangsform.

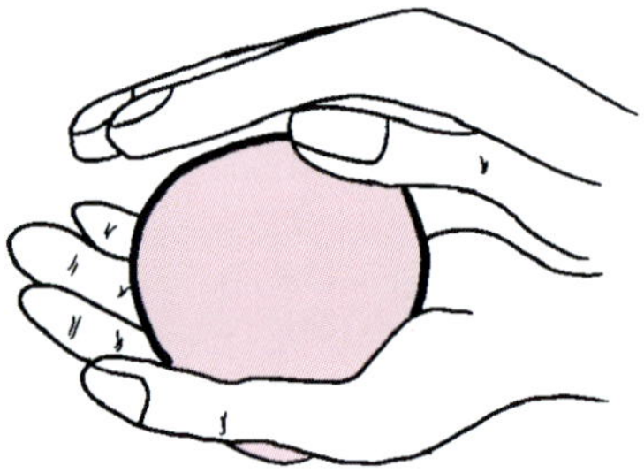

Kugeln des Tonballs auf der waagerecht ausgestreckten Hand

MAUS

Den Ball können Sie z. B. als Maus beenden. Dazu rollen Sie einen Bereich des Balles zwischen den Handballen spitz zu. Das spitze Ende ist der Kopf.
Die Ohren entstehen aus einem halbierten Tonball. Kleben Sie die Hälften mit Tonkleber an der passenden Stelle fest und streichen Sie sie zur Nasenspitze hin aus.
Die Augenhöhlen werden mit dem Radiergummiteil eines Bleistiftes

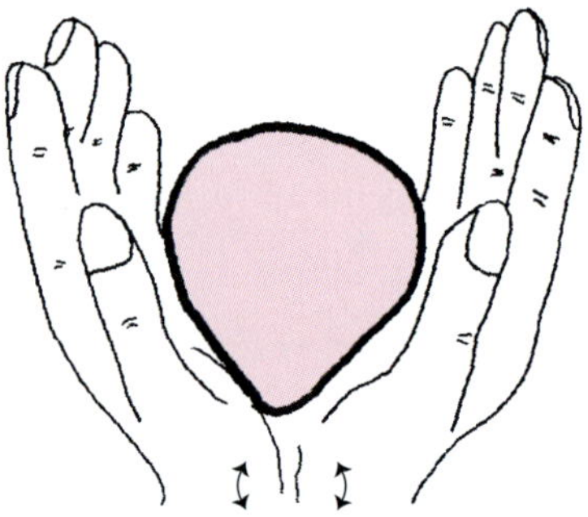

Zwischen den Handballen wird ein Teil des Balls spitz geformt.

eingedrückt. In den Vertiefungen klebt man jeweils die Hälfte eines kleinen Tonballs mit Tonkleber fest und drückt diese leicht ein.
Die Nasenspitze kann mit einem halbierten Tonball oder als nach oben gebogene Spitze ausgearbeitet werden. Als Barthaare können mit Tonkleber Wülste auf eingekerbte Linien aufgesetzt werden, jedoch zeigt die Erfahrung, daß diese später oft herausfallen. Besser ist es, wenn die Barthaare nur eingeritzt werden – was auch filigraner wirkt.
Nun fehlt noch der Schwanz, der als Tonwulst mit Tonkleber am Hinterteil befestigt und zum Kopf hin verstrichen wird. Plazieren Sie das Schwanzende am besten am bzw. auf dem Körper, dann ist die Bruchgefahr später gering.

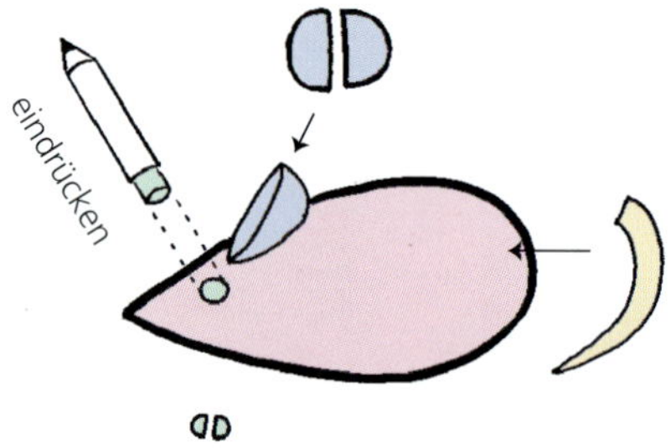

Gestalten der Maus aus einem einseitig spitz gerollten Tonball

> **TIP**
>
> *Vergessen Sie nicht, zum Schluß mit einem Zahnstocher an der Unterseite der Maus einige Entlüftungslöcher zu stechen. Zum einen nehmen Sie damit die Spannung aus dem Ton, und falls Luft im Tonkörper sein sollte, nimmt diese den Weg des geringsten Widerstands, um an die Oberfläche zu gelangen. Also bilden sich keine Risse an der Oberseite.*

BLUMENSTECKER

MATERIAL

- roter Ton
- Kugelschreiberhülle
- Schaschlikspieß
- Modellierholz

SO WIRD'S GEMACHT

Rollen Sie eine Tonwulst von 35 cm Länge und 1,5 cm Dicke aus. Das untere Ende kegelförmig spitz zurollen, das oberste Sechstel fast vollständig umbiegen. Auf dem umgebogenen Teil werden die Köpfe modelliert:

ELEFANT

Im Stirnbereich eine flachgedrückte Tonwulst von 8 cm Länge waagerecht auflegen. Die links und rechts überstehenden Teile werden zu Ohren ausgeformt, den Stirnansatz streichen Sie nach oben und unten übergangslos aus.

Der Rest der Wulst (Rüssel) wird zum Ende hin verjüngt, mit dem Schaschlikspieß stechen Sie unten die Rüsselöffnung ein.
Für die Stoßzähne wird eine dünne Tonwulst von 7 cm Länge etwa U-förmig gebogen. Die Wulst hinten am Kopf befestigen.
Den Rüssel ein paarmal waagerecht einkerben und in Form biegen.
Zum Schluß die Augen zwischen den Ohren mit einer Kugelschreiberspitze eindrücken.

DINGDONGDILLI

Kopf im rechten Winkel abbiegen und zum Knick hin stauchen. In der Mitte der Kopfunterseite den Mund einschneiden und aufbiegen. Die Nasenspitze flachdrücken und mit dem Schaschlikspieß zwei Nasenlöcher einstechen.
Hinter der Nasenfront die Wulst etwas verjüngen. Die Augen bestehen aus zwei kleinen Tonbällen. Mit der Kugelschreibermine werden die Pupillen eingedrückt.

NESSY

Kopf leicht nach unten biegen. Für die Ohren wird oberhalb des Genicks auf beiden Seiten eine flachgedrückte Tonwulst überhängend aufgelegt. Vor den Ohren setzen Sie für die Augen halbierte Tonbälle auf und markieren mit der Kugelschreiberhülle die Pupillen.
Zwei Nasenlöcher mit dem Schaschlikspieß bohren und den Mund mit dem Messerrücken eindrücken.
Die Mähne besteht aus einer aufgelegten Tonwulst, diese links und rechts in den »Rücken« hinein mit dem Modellierholz einkerben. Im Stirnbereich werden die Fransen zu den Augen hin gestrichen.

KLETTERTIERE

SCHNECKE

MATERIAL
- roter Ton
- Modellierholz

SO WIRD'S GEMACHT

Für den Schneckenkörper eine 15 cm lange Tonwulst ausrollen und in den letzten zwei Dritteln an der Seite mit dem Modellierholz eine waagerechte Linie eindrücken.
Für das Schneckenhaus eine 25 cm lange und dünne konische Tonwulst ausrollen. Ein Schneckenhäuschen daraus aufwickeln und dabei mit dem schmalen Ende beginnen.
Das Haus wird auf den mittleren Teil der Schnecke gesetzt.
Den vorderen Teil etwas aufrichten und die Fühler aus kleinen, U-förmigen Tonwülsten mit Tonkleber befestigen. Mit dem Modellierholz von der Mitte aus nach vorne und hinten verstreichen.
Die Schnecke so weit in den Blumentopf setzen, daß das Schneckenhaus gerade hinter dem Rand des Blumentopfs liegt, den hinteren Teil des Schneckenkörpers am Topfrand hinunterbiegen und die Schnecke ausbalancieren.

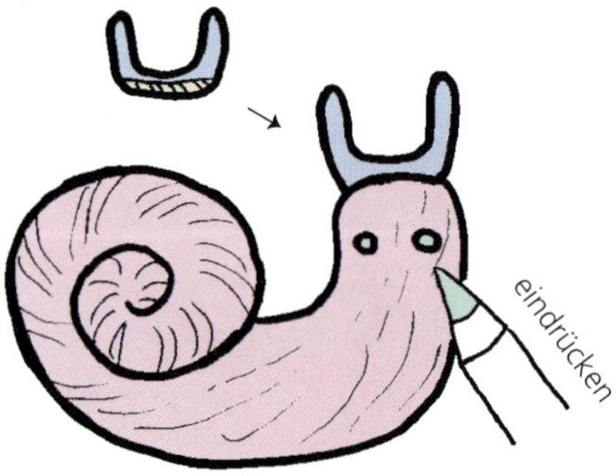

Um eine Schnecke zu gestalten, können Sie ein Ende der Tonwulst einfach aufrollen oder ein separates Schneckenhaus aufwickeln.

KLETTERMAUS

MATERIAL
- roter Ton
- Modellierholz

SO WIRD'S GEMACHT

Der Körper wird aus einer 8 cm langen und 3 cm breiten Tonwulst geformt. Ein Ende spitz ausformen und etwa im rechten Winkel biegen; das ist der Kopf.
Für die Ohren werden halbierte Tonbälle angesetzt (mit der Schnittfläche zum Gesicht). Die Arme bilden Sie aus 6 cm langen und etwa 1 cm breiten Tonwülsten.
Etwa auf zwei Drittel der Körperhöhe setzen Sie sie seitlich unterhalb des Kopfes an und biegen sie schräg nach oben. Das andere Ende des Körpers wird mit dem Modellierholz durchbohrt und nach außen geweitet.
Die Beine ebenfalls aus 6 cm langen und etwa 1 cm breiten Tonwülsten arbeiten und unten am Rumpf befestigen. Ein Bein hängt nach unten, der Unterschenkel ist leicht nach hinten gebogen. Das andere Bein wird waagerecht angebracht, der Oberschenkel leicht nach oben gebogen, der Unterschenkel nach unten abgeknickt. Die eventuell dadurch wieder verschlossene Rumpföffnung mit dem Schaschlikspieß erneut aufbohren.
Füße plattdrücken und Zehen einkerben. Die Wulst für den Schwanz anbringen. Augen, Mund und Barthaare markieren.
Die Maus wird an der Außenkante des Blumentopfs angelegt, die Arme biegen Sie über den Rand in den Blumentopf hinein.

TIP

Damit die Maus sich auch nach dem Brennen an den Blumentopf hängen kann, darf der Armwinkel nicht zu klein sein. Am besten den Blumentopfrand mit ein paar Lagen Zeitungspapier »aufblähen«.

TECHNIK: DAUMENSCHÄLCHEN

Ausgangsform ist ein Tonball. Halten Sie den Ball in einer Handfläche. Mit dem Daumen der anderen Hand bohren Sie ein Loch in den Ton – aber nur so tief, daß eine Bodenfläche von ca. 1 cm Höhe stehenbleibt.
Den Daumen drücken Sie nun von unten nach außen und halten gleichzeitig mit den anderen Fingern von außen dagegen. Drehen Sie den Ball und arbeiten Sie sich so spiralförmig von unten nach oben. Versuchen Sie, eine möglichst gleichmäßig starke Wandung zu erzielen.

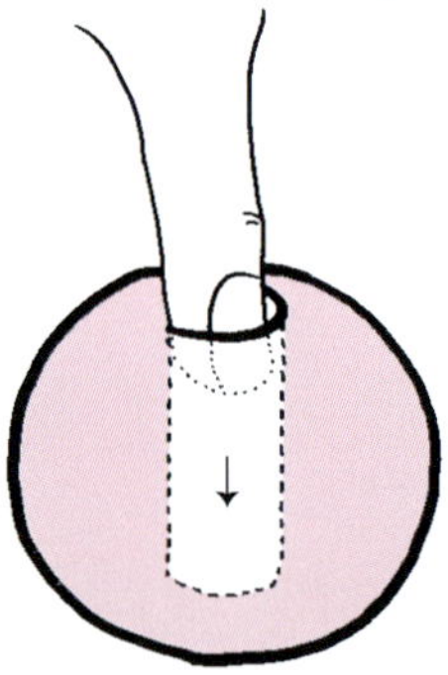

Mit dem Daumen wird ein Loch in den Ball gebohrt.

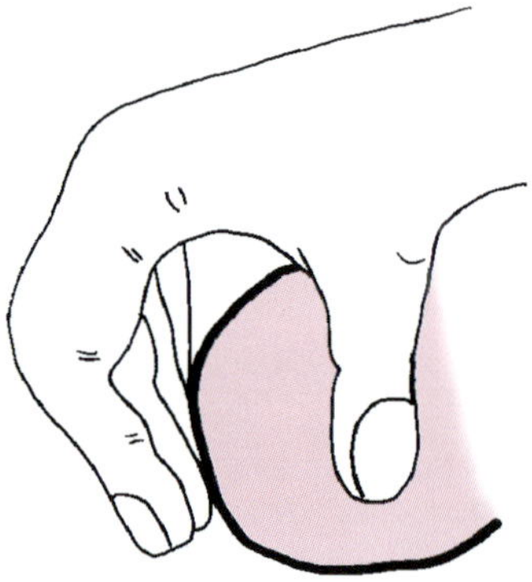

Dann drehen Sie den Ball und drücken mit den Fingern gleichzeitig von innen und außen die Wandung.

WICHTIG!

Achten Sie immer auf Gegendruck von außen, andernfalls kann die Tonwand wegbrechen.

FESTLICHE KERZENSTÄNDER

TECHNIK

- ✘ Daumenschälchen (s. oben)
- ✘ Tonwülste (s. Seite 10)

MATERIAL

- ✘ weißer Ton
- ✘ Wellholz

GLASUR

- ✘ Mittelgrün und Antikblau (Welte)

SO WIRD'S GEMACHT

Den Ton ausrollen und eine Bodenplatte von 9 cm Durchmesser ausschneiden. Für den Stiel eine 22 cm lange Tonwulst ausrollen; der Durchmesser soll sich von einem Ende mit 3 cm bis zum anderen Ende auf 2,5 cm verringern.
Die Kerzenhalterung besteht aus einem kelchförmig zulaufenden Daumenschälchen, die Öffnung wird leicht nach innen ausgeformt. Um die Kante herum waagerecht eine leicht plattgedrückte Tonwulst auflegen; diese zwischen zwei Fingern

von der Innenkante her spiralförmig nach außen pressen, so daß der Ton nach außen hin dünner und breiter wird. Den ausgeweiteten Rand wellig in Form legen.
Die drei Teile mit Zeitungspapier abdecken und über Nacht antrocknen lassen. Plazieren Sie dann den Stiel in der Mitte des Fußes und legen Sie um ihn herum eine Tonwulst. Diese nach oben zum Stiel und nach unten zum Fuß hin ausstreichen, so daß ein fließender Übergang entsteht. Genauso wird die Kerzenhalterung mit dem Stiel verbunden.

TECHNIK: KUGEL

Ausgangsform für eine Kugel bildet ein Tonball. Diesen halbieren und aus den Hälften wieder je einen Ball formen. Daraus modellieren Sie jeweils ein Daumenschälchen (zur Technik s. Seite 16).
Stupfen Sie beide Daumenschälchen mit dem Rand leicht auf dem Tisch auf, so daß ringsum eine gerade Kante als Abschluß entsteht. Setzen Sie beide Gefäßöffnungen aufeinander. Der Durchmesser muß annähernd gleich groß sein. Sollten die Öffnungen unterschiedlich groß sein, müssen Sie entweder die kleinere etwas weiten oder die große mit beiden Händen etwas zusammendrücken; die Falten innen und außen glatt verstreichen.
Nun rollen Sie eine oder mehrere Tonwülste von etwa 1 cm Dicke aus. Auf die Öffnung der Halbkugeln streichen Sie mit dem Finger oder Pinsel Tonkleber. Pressen Sie beide Hälften zusammen und streichen

Formen einer Kugel

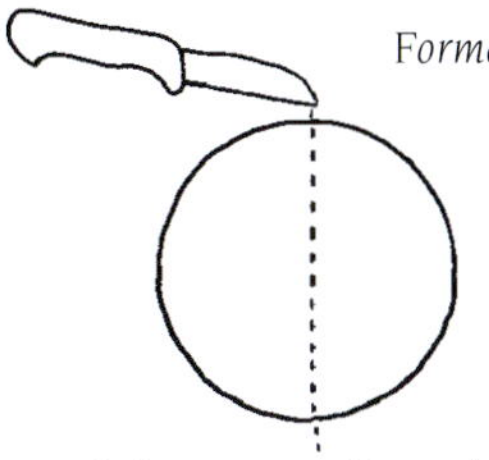

Einen Tonball in zwei Hälften schneiden.

Die Hälften wieder zum Ball formen.

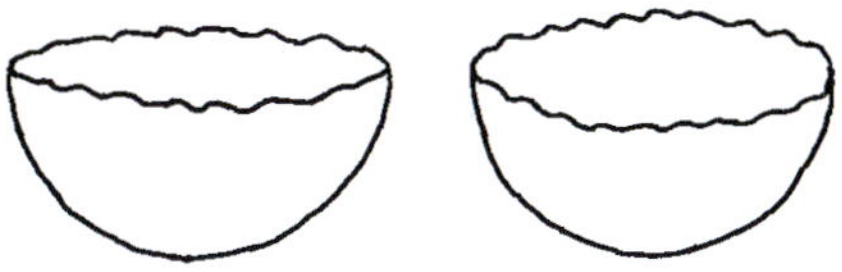

Aus dem Ball ein Daumenschälchen modellieren (zur Technik s. Seite 16).

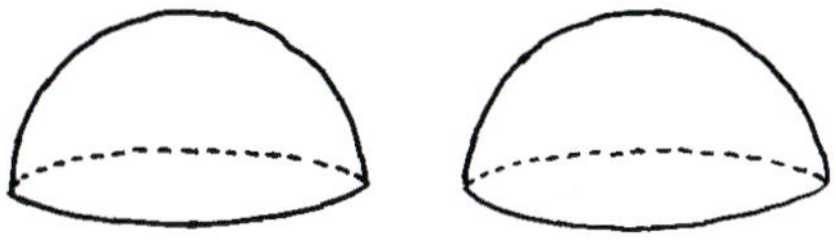

Kanten ringsum begradigen und Korrekturen vornehmen.

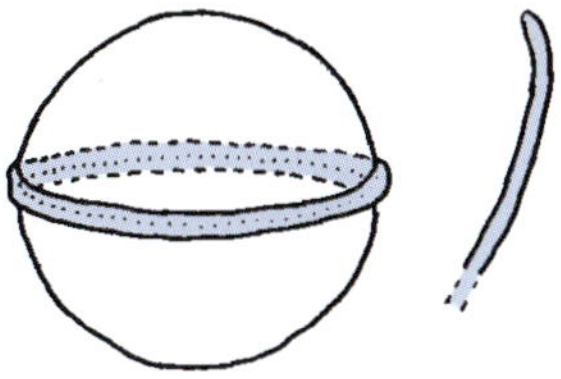

Hälften aufeinandersetzen und über die Nahtstelle ringsum eine Tonwulst legen.

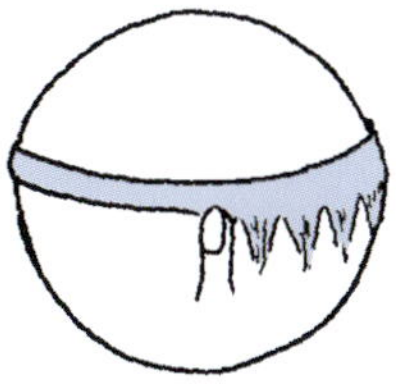

Die Wulst nach oben und unten verstreichen.

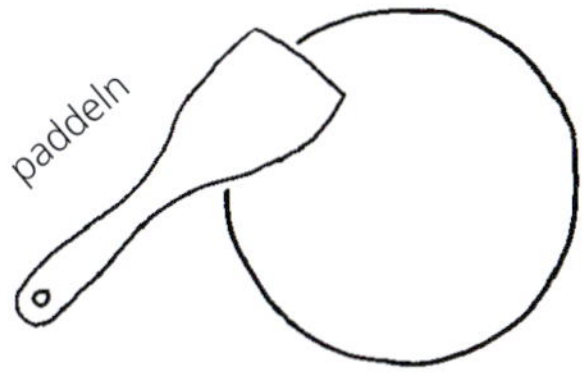

Unter ständigem Drehen die Kugel glattklopfen (paddeln).

Sie den Tonrand einer Hälfte leicht über die andere. Über die Nahtstelle legen Sie ringsum die Tonwulst. Dann mit dem Finger oder Modellierholz die Wulst reißverschlußartig nach oben und unten verstreichen. Klopfen Sie nun mit einem Kochlöffel oder Pfannenwender aus Holz das ausgestrichene Band flach.

WICHTIG!

Dabei die Kugel in der Hand halten.

Anschließend klopfen (paddeln) Sie unter ständigem Drehen die ganze Kugel. Dadurch wird der Ton verdichtet und eingeschlossene Luft an die Oberfläche getrieben. Als Nebeneffekt bekommt die Kugel eine schöne glatte Oberfläche. Eventuell noch vorhandene Einkerbungen können mit dem Finger und etwas Wasser oder mit der Gumminiere bzw. einem Teigschaber glattgestrichen werden.
Die Kugel können Sie entweder so belassen oder nach Ihren Vorstellungen weiter verformen, z. B. rollen oder teilweise formen, eindrücken und/oder Ton angarnieren.

WICHTIG!

Die Kugel immer erst zum Schluß aller Verformungen oder Angarnierungen einstechen, denn solange sorgt die eingeschlossene Luft noch für den nötigen Gegendruck.

DEKORATIVE STECKSTEINE

Die »Steine« wirken am schönsten, wenn sie unterschiedlich groß sind. Verwenden Sie deshalb als Grundform verschieden große Tonbälle, die jeweils als Kugel gearbeitet werden.

TECHNIK

Kugel (s. Seite 17)

MATERIAL

- ✘ weißer Ton
- ✘ roter Ton
- ✘ Lochschneider oder: Apfelausstecher, Stricknadel, fester Strohhalm

GLASUR

(im Uhrzeigersinn:)

- ✘ Weiß glänzend (Welte) auf Petrol (Jäger)
- ✘ Steingrau (Welte), mit punktweise Malachit (Welte)
- ✘ Steingrau(Welte) auf weißem Ton
- ✘ Meerwasser (BSZ), mit Petrol (Jäger)
- ✘ Mitte: Nougatbrau (Welte), mit Malachit (Welte)

SO WIRD'S GEMACHT

Formen Sie, wie auf Seite 16 beschrieben (Technik: Daumenschälchen) die gewünschte Anzahl an Kugeln. Für einen glatten und gleichmäßig gerundeten Stein wird die fertige Tonkugel auf der Standfläche etwas aufgepreßt, so daß sie sicher steht. Einen unregelmäßigen Stein erhält man durch leichtes Eindrücken und Verformen der liegenden Kugel.

TIP

Drücken Sie hierbei nicht zu fest, sondern lieber mehrmals mit mäßigem Druck, sonst reißt die Tonoberfläche ein. Die Luft im Inneren der geschlossenen Form bildet hierbei den Gegendruck. Ist dieser »Airbag« nicht mehr vorhanden, sackt die Kugel beim Modellieren zusammen.

Falls Sie den Stein als Vase für Blumen oder anderweitig benutzen wollen, werden eine oder mehrere Öffnungen gelocht. Diese Öffnung(en), ob oben oder unten, sticht man am besten nach ein paar Stunden, wenn der Ton schon fester geworden ist. Man kann dafür einen Lochschneider, Apfelausstecher, eine Stricknadel oder einen festen Strohhalm benutzen.

WICHTIG!

Denken Sie an ein Entlüftungsloch. Selbst wenn Ihr Objekt geschlossen (als Stein) bleiben soll, müssen Sie mindestens ein Luftloch stechen. Dies kann an der Unterseite erfolgen; so ist es nicht sichtbar.
Die Lüftung ist wichtig, damit die sich ausdehnende Luft beim Brennen entweichen kann.

TECHNIK: ARBEITEN MIT FORMHILFEN

Formhilfen erleichtern das Töpfern ungemein. Das entstandene »Grundmodell« kann man dann weiterbearbeiten und daraus viele weitere Formen herstellen.
Als Formen können ganz unterschiedliche Gegenstände dienen:
- eine runde Schüssel,
- eine verzierte Kuchenform,
- ein Ball,
- ein Styroporkranz...

Arbeiten können Sie in oder über der Formhilfe. Der Ton läßt sich dabei in verschiedener Weise anlegen, z. B. als Platte, als Wulst, Kugel, Scheibe etc.

Ganz allgemein gilt:
Damit der Ton nicht an der Wandung der Formhilfe kleben bleibt, muß diese mit einem »Trennmittel«, z. B. Zeitungspapierstreifen oder Plastikfolie, ausgelegt oder mit einem Perlonstrumpf überzogen werden. Wird die Formhilfe als Einpreßmodell verwendet und besteht aus Gips bzw. aus unglasiertem Ton (Tontöpfe), so ist kein »Trennmittel« nötig.

BECHERVASE

TECHNIK

Arbeiten in der Formhilfe

MATERIAL

- roter Ton
- weißer Ton
- unglasierter Blumentopf als Formhilfe

GLASUR

(von links:)
- Champagner Weiß (Welte)
- Ozeanblau (Jäger)
- Mittelgrün (Welte), auf rotem Ton

SO WIRD'S GEMACHT

Für den Gefäßboden wird ein Stück Ton mit dem Nudelholz ausgerollt oder mit der Handkante oder dem Handballen flachgeklopft. Den Ton zwischendurch immer wieder umdrehen.
Nun schneiden Sie ein entsprechend großes Stück aus und legen es in den Blumentopf.
Für die Seitenwand des Gefäßes werden Tonwülste ausgerollt. Diese können z. B. als Schnecke gebogen oder in Scheiben geschnitten werden. Während des Lagerns die Wülste mit Folie oder feuchten Tüchern abdecken.
Der Rand des Bodens wird jetzt mit Tonkleber bestrichen. Eine Tonwulst als erste Lage um den Rand des Bodens legen. Die Enden bleiben überlappend stehen. Sie werden mit einem Messer an dieser Stelle senkrecht oder leicht schräg durchgeschnitten (s. Zeichnung). Die abgetrennten Enden entfernen, Schnittstellen mit Tonkleber bestreichen und zusammenpressen. Den Tonring von oben leicht auf den Boden pressen.

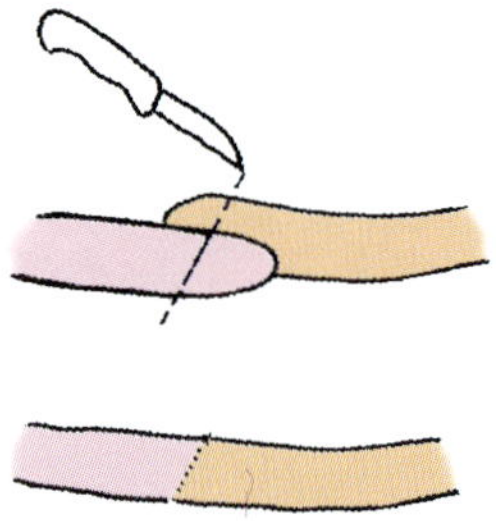

Überlappende Enden senkrecht oder gerade durchschneiden, dann die Schnittstellen mit Tonkleber bestreichen und zusammenpressen.

HINWEIS

Immer bevor die nächste Lage aufgesetzt wird, müssen die Kontaktstellen mit Tonkleber angefeuchtet werden.

Die zweite Lage besteht aus Tonscheiben.
Für die folgende Schicht wieder eine Tonwulst modellieren. Innen werden nun die Lagen vorsichtig vom obenliegenden Rand nach unten bis zum Boden verstrichen, um eine Verbindung zu schaffen (s. Zeichnung).
Die nächste Schicht wird aus Tonschnecken gearbeitet. Die Zwischenräume füllen Sie mit Tonscheiben

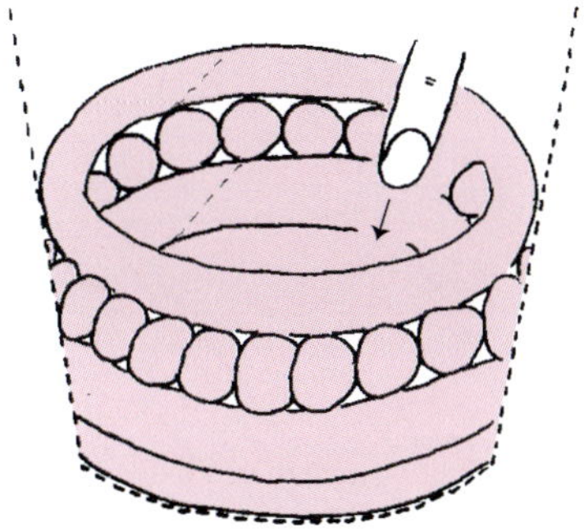

Verstreichen der einzelnen Lagen an der Innenseite des Gefäßes

und kleinen Bällen aus. Die Innenseite wird wieder zur unteren Lage hin gestrichen.
Die letzte Schicht besteht aus einer Tonwulst; auch diese innen mit der darunterliegenden Lage verbinden.
Decken Sie den Tontopf mit Zeitungspapier ab. Nach etwa zwei Stunden kann der Blumentopf umgestülpt werden. Falls nötig, kann das Gefäß von außen nachgesäubert werden.
Vielleicht modellieren Sie nach dieser Technik demnächst Ihre Übertöpfe?

TIP

Wischen Sie die Glasur mit einem nassen Schwamm ab; dadurch bleibt sie nur in den Vertiefungen stehen, wodurch ein besonders plastischer Effekt erzielt wird.

HERSTELLEN EINER TONKUGEL ÜBER EINER FORMHILFE

Als Formhilfe eignen sich entsprechend runde Vorlagen, wie Tennisbälle, Styroporkugeln und sogar stabile Luftballons.
Suchen Sie sich eine geeignete Hilfe aus. In den folgenden Arbeitsschritten wird die Formhilfe als »Ball« bezeichnet.

Zuerst wird der Ton mit dem Nudelholz etwa 1 cm dick ausgerollt.

WICHTIG!

Achten Sie dabei darauf, daß Sie die Tonplatte in verschiedenen Richtungen ausrollen. Nicht pressen! Zwischendurch die Platte immer wieder umdrehen.

TIP

Um gleichmäßig starke Platten zu erhalten, rollen Sie den Ton zwischen zwei gleich hohen Leisten aus (s. Zeichnung).
Ganz schnell geht es, wenn Sie den Ton mit dem Schneidedraht o. ä. direkt vom Tonballen abschneiden. Auch hier wieder die gleich hohen Führungsleisten verwenden (s. Zeichnung).

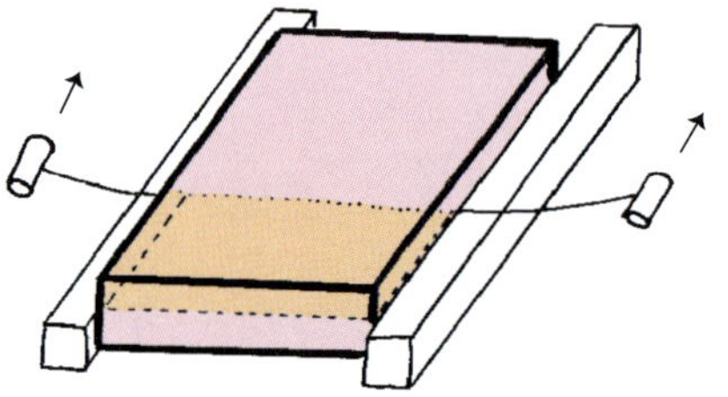

Abschneiden der Tonplatte zwischen zwei Holzleisten

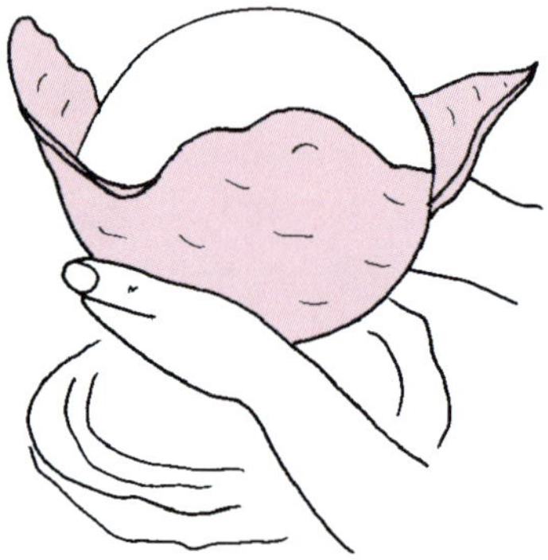

Die Kugel umdrehen und die Unterseite entsprechend bearbeiten.

Stellen Sie nun den Ball (Formhilfe) in eine kleine Schüssel. Vergessen Sie nicht, ihn mit einem Perlonstrumpf oder einem anderen Trennmittel zu überziehen.
Legen Sie jetzt die Tonplatte auf den Ball und pressen Sie mit beiden Händen den Ton an. Die dabei entstehenden Falten, werden mit dem Messer bis auf etwa 1 cm Höhe abgeschnitten. Die verbleibenden Stege reißverschlußartig verstreichen (s. Zeichnung). Die entstandene Wulst wird mit dem Messer abgeschabt, die Fläche mit dem Teigschaber oder der Gumminiere geglättet.
Damit der Ball ringsherum mit Ton eingekleidet werden kann, drehen Sie die Kugel um und legen sie in eine mit einem Handtuch ausgepolsterte Schale. Pressen Sie mit beiden Händen den Ton an. Die entstandenen Falten werden wie zuvor beseitigt. Sollte die Tonplatte nicht ausreichen, ergänzen Sie die Fläche mit den abgeschnittenen Falten, die Sie überlappend ansetzen.
Stellen Sie die Kugel beiseite und lassen Sie den Ton bei Zimmertemperatur »lederhart« antrocknen.
Er sollte so »trocken« sein, daß er sich beim Weiterverarbeiten nicht verformt, aber auch noch feucht genug zum Modellieren. Dies kann

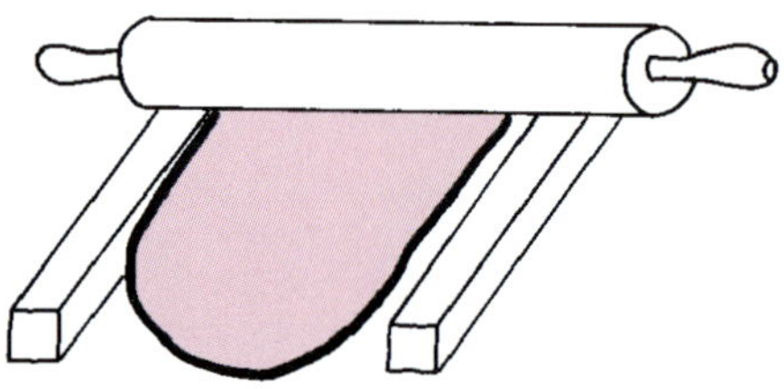

Ausrollen der Tonplatte zwischen zwei Holzleisten

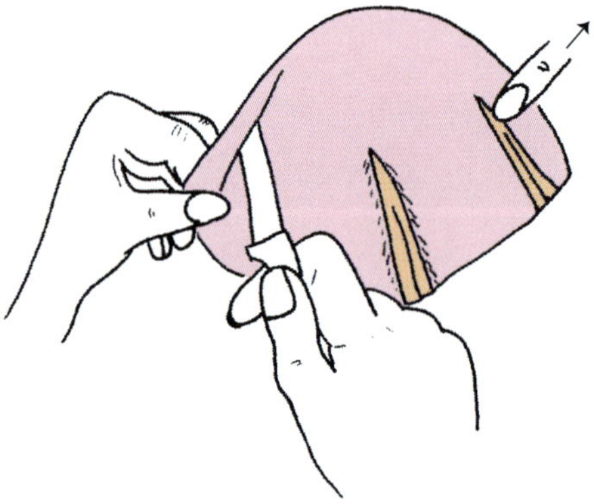

Falten auf der Rundform abschneiden und die verbleibenden Stege verstreichen.

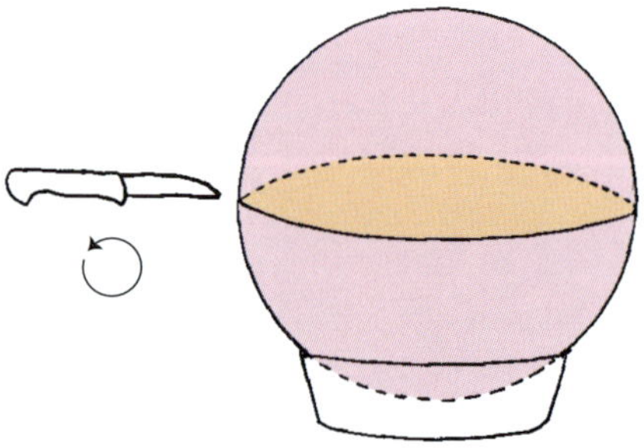

Die Tonkugel zur Hälfte aufschneiden und die Formhilfe herausnehmen. Die beiden Halbkugeln wieder miteinander verbinden (s. Seite 17).

je nach Tonfeuchtigkeit und Zimmertemperatur einige Stunden dauern. Sie dürfen aber auch nicht zu lange warten, da der Ton beim Trocknen schrumpft und über der Formhilfe Risse bekommt.

Wenn der richtige Zeitpunkt gekommen ist, halbieren Sie die Kugel mit einem Messer, holen den Ball heraus und verbinden die beiden Tonhälften wieder miteinander (s. Technik: Kugel, Seite 17).

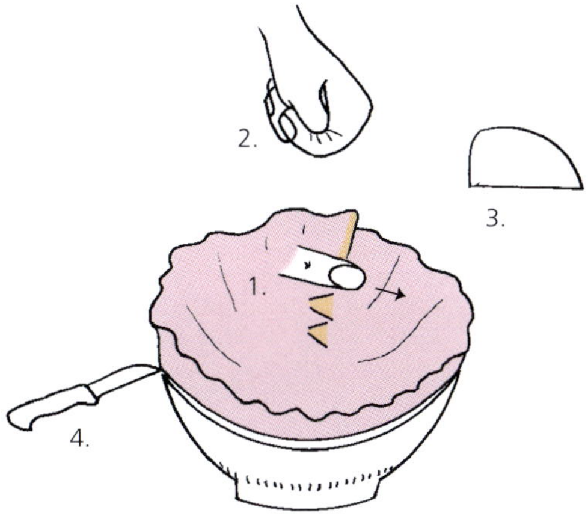

1. *Verstreichen der Nahtstellen*
2. *Festdrücken der Tonplatte am Boden*
3. *Feststreichen an der Wandung*
4. *Überstehenden Ton über dem Rand abschneiden*

ANFERTIGEN EINER HALBKUGEL/KUGEL IN EINER FORMHILFE

Als Einpreßform bei diesem Verfahren eignen sich Gips- und Styroporhalbkugeln oder ganz normale runde Schüsseln. Damit der Ton an der Wandung nicht ankleben kann, müssen Schüssel und Styroporkugel mit Zeitungspapierstreifen ausgelegt oder mit einem Perlonstrumpf locker überzogen werden.
Ton wie oben beschrieben (s. Seite 22) ausrollen. Die Tonplatte wird an einer Seite etwas eingerissen oder -geschnitten (s. Zeichnung).
Legen Sie die Kanten des Einschnittes locker übereinander, so daß ein Trichter entsteht. Diesen »Trichter« legen Sie nun vorsichtig in die Halbkugel-Einpreßform ein und drücken den Ton an der Wandung leicht an.

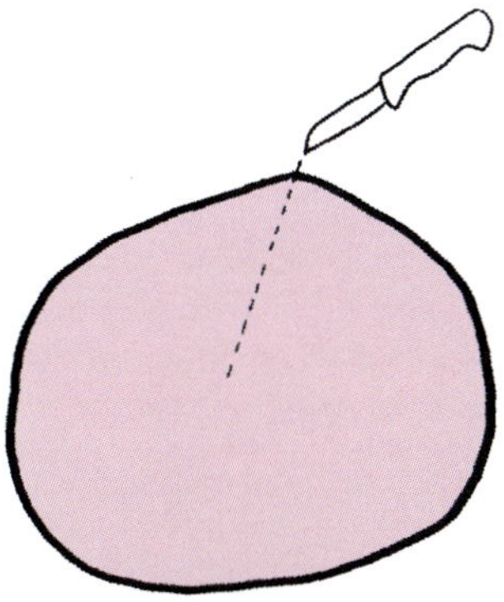

Die ausgerollte Tonplatte an einer Stelle ein Stück einschneiden.

Die Stelle, an der sich die Tonplatte überlappt, bis auf etwa 2 cm Überhang abschneiden (s. Zeichnung).
Die Nahtstelle wird zuerst mit den Fingern, dann mit der Gumminiere zur Seite ausgestrichen. Erst jetzt drücken Sie den Ton mit der Faust am Boden fest. Danach wird er mit der Gumminiere an die Wandung der Halbkugel gestrichen. Damit es einen geraden Randabschluß gibt, schneiden Sie mit dem Messer den Ton über dem Schüsselrand ab (s. Zeichnung).
Die Gipsform können Sie nach etwa 30 Minuten umdrehen, da Gips Wasser aus dem Ton zieht. Man klopft mit dem Rand der Gipsform auf die Tischkante, und die Tonhalbkugel löst sich aus der Form. Bei den anderen Einpreßformen sollte man mit dem Stürzen etwas länger warten, da diese kein Wasser aus dem Ton aufsaugen. Nach einer Stunde kann man probieren, ob die Formen sich lösen, wobei man mit dem Strumpf bzw. den Papierstreifen die Halbkugel heraushebt.
Die Halbkugel wird mit der Öffnung nach unten auf eine Plastikfolie gelegt und mit Zeitungspapier abgedeckt. Zum Trocknen aber nicht in die Nähe der Heizung oder in die Sonne stellen!
Fertigen Sie eine zweite Halbkugel an und legen Sie auch diese mit der Öffnung nach unten auf Folie. Dann nehmen Sie das Zeitungspapier von der ersten Halbkugel ab; so können beide Hälften gleichmäßig antrocknen.
Nach ein paar Stunden – oder längstens über Nacht – können die angetrockneten Tonhälften zusammengefügt werden (s. Technik: Kugel, Seite 17).

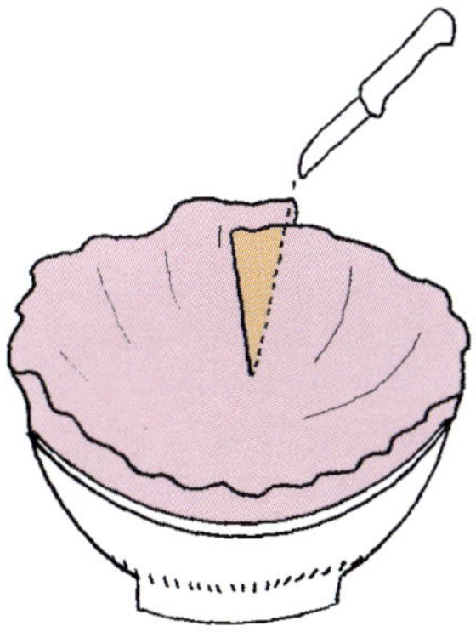

Legen Sie die zum »Trichter« geformte Platte in die Einpreßform ein. An der Überlagerung abschneiden.

KÜRBIS-LAMPIONS

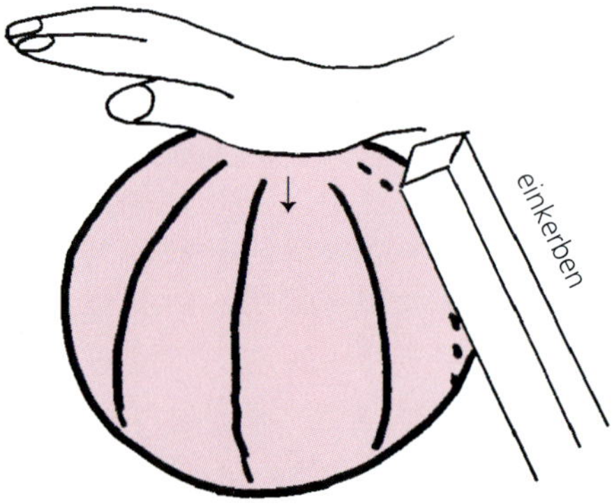

Kanten einkerben und an der Oberseite eine Delle eindrücken.

Für den Stiel eine Tonwulst ansetzen und mit dem Messer das Gesicht und evtl. einen Deckel ausschneiden.

TECHNIK

Kugel

MATERIAL

- ✘ lederfarbener Ton
- ✘ Holzleiste
- ✘ evtl. Formhilfen
- ✘ Nudelholz
- ✘ Skalpell oder Cutter
- ✘ Lochschneider

GLASUR

Stiel: Sinterengobe, grün (Jäger)

SO WIRD'S GEMACHT

Je nach Größe des Kürbises müssen unterschiedliche Techniken angewandt werden. Die kleinen, bis etwa 10 cm hohen Köpfe werden in der Kugeltechnik (aus zwei zusammengesetzten Daumenschälchen) gearbeitet (s. Seite 17). Bei etwas höheren Kürbissen kann zwischen den Halbkugeln ein Tonstreifen eingesetzt werden (Kontaktstellen anfeuchten, zusammenpressen, mit einer Tonwulst verzahnen, paddeln, s. Zeichnung).
Mittlere und höhere Objekte werden über bzw. in Formhilfen gearbeitet (s. Technik: Arbeiten mit Formhilfen, Seite 22/23).

Die folgenden Arbeitsschritte sind für alle Kürbisgrößen gleich:
Mit der Kante einer Holzleiste kerben Sie in verschiedenen Abständen Längsrillen in die Kugel. Außerdem drücken Sie mit der Hand eine leichte Delle an der Oberseite ein (s. Zeichnung).
In die Mitte der Vertiefung kleben Sie mit Tonkleber als Stiel eine Tonwulst, die am Ansatz nach außen ringförmig verstrichen wird. Biegen Sie den Stengelansatz nach Ihren Vorstellungen, eventuell muß zerknülltes Zeitungspapier als Stengelstütze untergelegt werden. Dann schneiden Sie das Gesicht nach Ihren Wünschen mit einem scharfen Messer, am besten einem Skalpell (aus der Apotheke), aus (s. Zeichnung).
Damit Sie ein Licht in den Kürbis stellen können, muß dann noch eine Öffnung am hinteren Bodenbereich eingeschnitten werden (s. Zeichnung). Probieren Sie aus, ob Ihr Licht hindurchpaßt, und bedenken Sie, daß der Ton noch

Einsetzen eines Tonstreifens zwischen den Halbkugeln

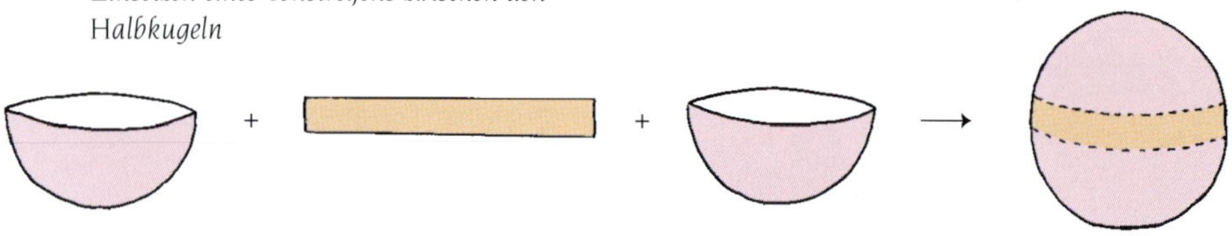

An der Rückseite eine Öffnung für die Kerze ausschneiden.

schrumpft. Das Loch sollte deshalb immer etwas größer ausgeschnitten werden.

TIP

Besonders interessant wirkt ein Grablicht. Es läßt den Kürbis in geheimnisvollem Rot erstrahlen.

Eine andere Möglichkeit besteht darin, das Oberteil als Deckel abzutrennen (s. Zeichnung, Seite 24). Auch mit einer roten oder gelben Glühbirne und durch Einführen eines Stromkabels läßt sich der Kürbis erleuchten. Dafür schneiden Sie aus der hinteren Deckelkante ein Dreieck aus, durch das Kabel geführt wird.

TECHNIK: PLATTENTECHNIK

Das Arbeiten mit Tonplatten wird im folgenden anhand einer einfachen Vase demonstriert.

MATERIAL

- lederfarbener Ton
- Nudelholz
- Wellpappe

GLASUR

- linke Vase: Hellgrün seidenmatt (Jäger)
- rechte Vase: natur

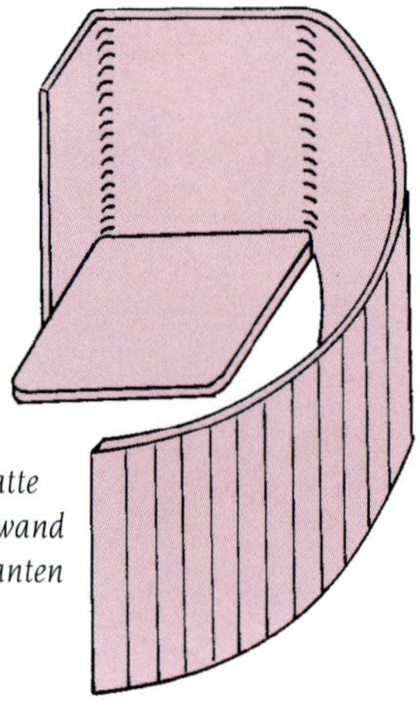

Um die Bodenplatte herum die Vasenwand legen. An den Kanten andrücken.

SO WIRD'S GEMACHT

Am einfachsten ist es, wenn Sie zuerst eine Papiervorlage als Schnittmuster fertigen. Für die Bodenplatte schneiden Sie ein Quadrat mit Seitenlänge 7 cm zu und runden die Ecken ab.
Die Gefäßwand wird aus einem 30 x 14 cm großen Rechteck hergestellt.
Rollen Sie den Ton zu einer Platte von 0,5 bis 1 cm Stärke aus oder schneiden Sie eine entsprechende Platte vom Tonblock ab. Zur Weiterverarbeitung sollen die Platten leicht angetrocknet sein (etwa 2 Stunden bei Raumtemperatur).
Schneiden Sie dann nach der Papiervorlage die beiden Tonplatten aus (s. Zeichnung).
An den Seitenkanten der Bodenplatte wird ringsum Tonkleber mit dem Pinsel aufgetragen. Dann die rechteckige Tonplatte auf die Längsseite stellen und vorsichtig um die Bodenplatte biegen (s. Zeichnung).
Die senkrechten Kanten der Tonplatte werden mit Tonkleber befeuchtet und aneinandergedrückt, wobei ein wenig Tonkleber und Luftblasen austreten sollten.
Die untere Kante der Vasenwand ringsum an die Bodenplatte andrücken.
Zum Verbinden der beiden Platten werden im Inneren dünne, etwa 0,5 cm starke Tonwülste auf die mit Tonkleber befeuchteten Nahtstellen gelegt, d. h. sowohl rings um die Bodenplatte (Verbindung Bodenplatte/Vasenwand) als auch über die senkrechte Naht an der Vasenwand (Verbindung Vasenwand). Die Tonwulst der Bodenplatte zur Mitte des Bodens hin und zur Wand hoch verstreichen (s. Zeichnung). Die senkrechte Tonwulst wird kreuzweise verstrichen – dabei aber immer auf Gegendruck von außen achten, damit die Wand nicht verformt wird.
Betrachten Sie die Vase aus ein bis zwei Metern Entfernung. Falls nötig, können Sie noch etwas nachformen und korrigieren.

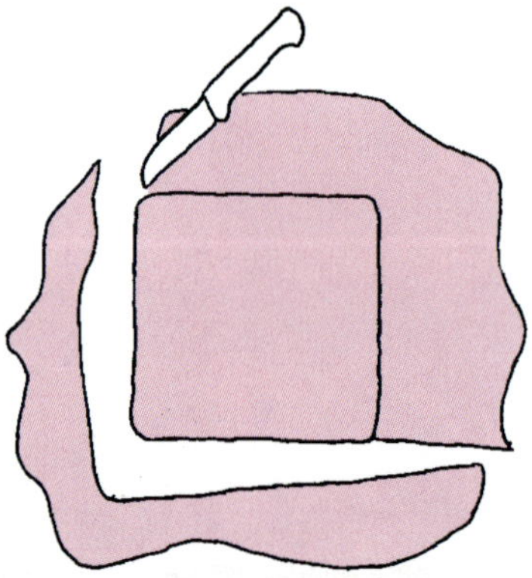

Die gewünschte Form aus der Tonplatte ausschneiden.

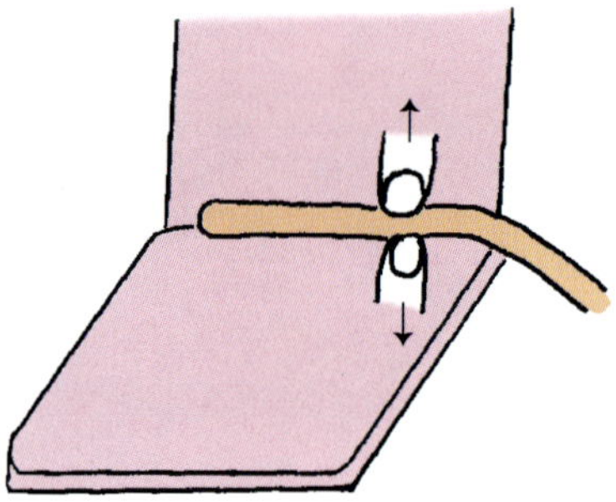

Verbinden zweier Tonplatten mit einer Tonwulst

TIP

Um der schlichten Vase eine lebhaftere Oberfläche zu geben, kann man vor dem Ausschneiden der Tonplatten Muster in den Ton einpressen. Oder Sie rollen mit dem Nudelholz ein strukturiertes Material – wie hier die Wellpappe – auf dem Ton aus. Danach die Pappe vorsichtig entfernen und die strukturierte Platte entsprechend ausschneiden.

TRAPEZFÖRMIGE VASE MIT WELLENMUSTER

TECHNIK

Plattentechnik (s. Seite 26)

MATERIAL

- weißer Ton
- Nudelholz
- 3-D–Wellpappe
- Kochlöffel
- Einmachring

GLASUR

Chromgrün (Welte) – Glasur auftragen und mit feuchtem Schwamm entweder abwischen, so daß nur in den Vertiefungen Glasur vorhanden ist, oder die Glasur nur stellenweise auftragen

VORLAGEN

- dreieckiger Boden mit je 5 cm Kantenlänge
- trapezförmiges Seitenteil mit 7 cm und 13 cm Kantenlänge, dazwischen die Seiten mit je 23 cm

SO WIRD'S GEMACHT

Ton ausrollen, Bodenplatte ausschneiden. Auf den Rest der Tonplatte die 3-D–Wellpappe legen und mit der Hand leicht andrücken. Dann mit dem Nudelholz auf der Wellpappe hin und her rollen, so daß die Wellen gut in den Ton eingedrückt werden. Aus dem so strukturierten Ton schneiden Sie das Seitenteil dreimal aus.

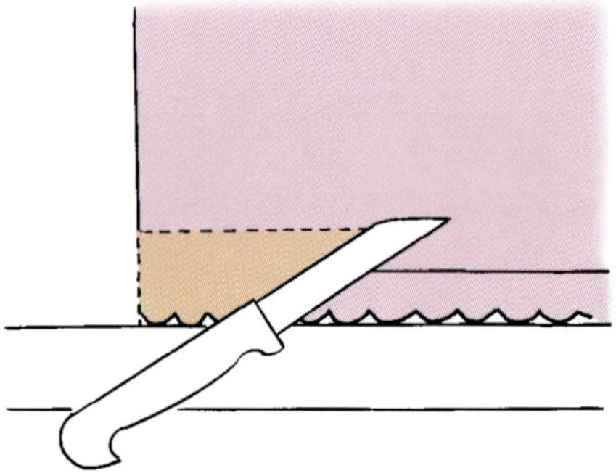

Die Seitenwände mit den Längskanten jeweils an der Tischplatte anlegen und schräg abschneiden.

Die ausgeschnittenen Tonteile lederhart bei Zimmertemperatur antrocknen lassen (dadurch sind sie beim Zusammenbau stabiler und verziehen sich nicht so leicht).
Nun werden nacheinander die Längsseiten der Vasenwände mit dem Wellenmuster nach unten genau an die Tischkante angelegt. Man hält das Messer schräg über die Tischkante und schneidet entlang der Tischkante den Tonrand jeweils schräg ab (s. Zeichnung).
Das ergibt sechs schräge Kanten.
Anschließend die Außenkanten der dreieckigen Bodenplatte und die abgeschrägten Kanten der Seitenwände mit Tonkleber befeuchten.
Zwei Seitenwände werden vorsichtig aneinandergepreßt und an der Bodenplatte festgedrückt, dann die dritte Seitenwand einfügen und festdrücken. Die Verbindungen an der Innenseite erneut mit Tonkleber befeuchten und die Kanten von außen zusammendrücken.
Am Vasenboden die Platten mit Tonwülsten verbinden, am besten geht das mit einem Kochlöffelstiel (s. Zeichnung, Seite 26).
Zur Stabilisierung wird ein Einmachring um den Vasenrand gelegt; so kann die nach oben geweitete Vase ausgerichtet werden und lassen sich die äußeren Kanten nacharbeiten (Wellenmuster gegebenenfalls nochmals eindrücken).

Die Öffnung mit Folie abdecken, die ganze Vase in Zeitungspapier wickeln. Nach drei Tagen kann die Vase ohne Abdeckung weiter getrocknet werden.

DREIECKS-VASE IM WELLPAPPENDEKOR

TECHNIK

Plattentechnik (s. Seite 26)

MATERIAL

- lederfarbener Ton
- Nudelholz
- Wellpappe

GLASUR

Schmiedeschwarz (Welte)

VORLAGEN

- dreieckiger Boden mit je 6 cm Kantenlänge
- Seitenwand-Rechteck, 10 x 22 cm

SO WIRD'S GEMACHT

Die Vase wird im Prinzip genauso gearbeitet wie die einfache Vase (s. Seite 26).

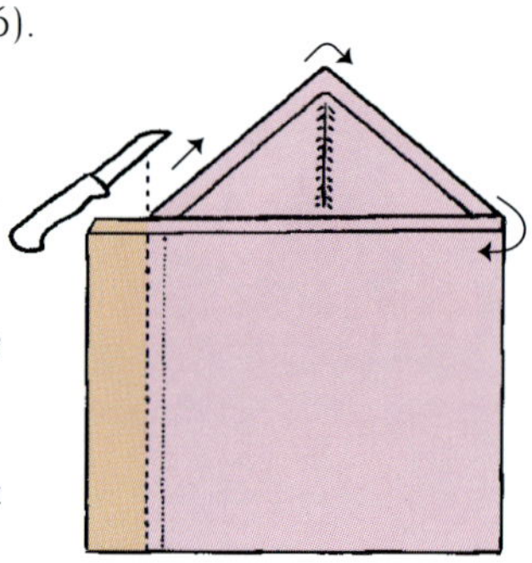

Die Seitenwände um die Bodenplatte legen, überstehenden Ton abschneiden.

Eine senkrechte Kante der Vasenwand außen an einer Bodenecke anlegen. Die Wand wird nun um den Boden gelegt, wobei sie an den Ecken nur locker anliegen soll. Dadurch können die senkrechten Eckkanten spitz ausgeformt werden. Die überstehende Wand an der Nahtstelle wird abgeschnitten (s. Zeichnung), das Wellenmuster eventuell nachgearbeitet.

DURCHBROCHENE SCHALE (Abb. Seite 29)

TECHNIK

Plattentechnik (s. Seite 26)

MATERIAL

- roter Ton
- Skalpell

GLASUR

Orbit (Jäger)

SO WIRD'S GEMACHT

Ton ausrollen und aus der Platte einen Kreis mit 11 cm Durchmesser ausschneiden. Den Rand leicht zwischen Daumen und Zeigefinger nach oben biegen. An einer Stelle wird der Rand etwa 2 cm nach innen gebogen; dann lassen Sie die Schale etwas antrocknen.
Im umgebogenen Rand mit dem Skalpell drei Dreiecke ausschneiden, Kanten versäubern.

HEMDENVASE – GUT VERSCHNÜRT...

TECHNIK

Plattentechnik (s. Seite 26)

MATERIAL

- weißer Ton
- Nudelholz
- Lochschneider, Ø 6 mm, oder Schaschlikspieß
- evtl. Tonpresse
- Modellierholz

GLASUR

Louisiana (Welte)

VORLAGEN

- Boden-Kreis, Ø 7 cm
- Seitenwand-Rechteck, 15 x 23 cm

SO WIRD'S GEMACHT

Den Ton ausrollen. Mit Hilfe der Vorlagen Bodenplatte und Wand ausschneiden. Dann die Seitenwand um die Bodenplatte legen und mit Tonwülsten die beiden Teile verbinden (s. Technik: Plattentechnik, Seite 26).
An einer Stelle des oberen Vasenrandes ein 2 cm großes V ausschneiden. Den an das V anschließenden Vasenrand drücken Sie zwischen den Fingern dünner

Pressen Sie den Vasenrand zwischen den Fingern und stülpen Sie ihn als »Kragen« nach außen.

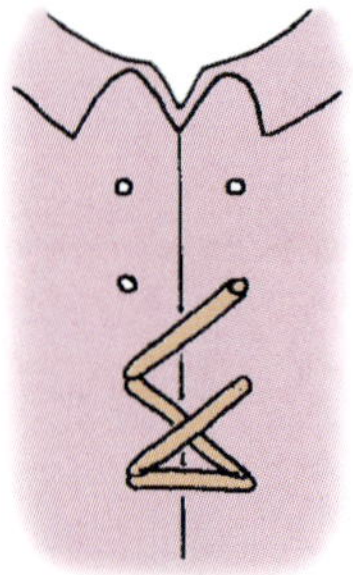

Mit dem Lochschneider oder einem Schaschlikspieß Löcher bohren und kreuzweise dünne Tonwülste als Schnürung einziehen. An der Rückseite gut verstreichen.

und biegen ihn als »Kragen« nach außen (s. Zeichnung).
Aus der V-Spitze heraus eine senkrecht zum Boden verlaufende Linie einkerben. Im Abstand von 1,5 cm von der Linie auf beiden Seiten mit dem Lochschneider Löcher bohren (oder eventuell mit dem Schaschlikspieß; diese Löcher aber durch Hin- und Herbewegen des Spießes etwas ausweiten).
Mit der Tonpresse Tonwülste von etwa 0,5 cm Durchmesser herstellen (oder auf einem feuchten Holzbrett mit der Hand ausrollen); diese kreuzweise in die Löcher stecken (s. Zeichnung) und von innen gut verstreichen, so daß keine Öffnung nach außen mehr besteht. Sonst würde das Wasser auslaufen.
In die V-Öffnung setzen Sie als Schleife eine aus einer Tonwulst geformte liegende 8. An der Kreuzungsstelle wird ein flachgedrückter kleiner Ball mit Tonkleber befestigt. Mit dem Modellierholz den Ball mehrmals einritzen und etwas auseinanderziehen, so daß er wie der Knoten einer Schleife aussieht. Die Schleifenenden und Schlaufen »in Form ziehen«.
Den Schnürdekor decken Sie mit Folie ab und lassen die Vase, mit Zeitungspapier abgedeckt, drei Tage trocknen. Danach ohne Abdeckung weiter durchtrocknen lassen.

OSTERGRÜSSE –
EINMAL GANZ ANDERS...

FRÜHLINGSHAFTER OSTERGARTEN

Das traditionelle Osternest mit kleinen Naschereien wird hier zu einer ganzen Szene erweitert. Die Elemente des idyllischen Gartens sind einfach herzustellen und variabel zu arrangieren.

TECHNIK

- ✘ Plattentechnik (s. Seite 26)
- ✘ Bälle (s. Seite 12)

MATERIAL

- ✘ roter Ton, Schamotteanteil 4005 und 2505 (für die Hasen)
- ✘ Wellholz
- ✘ Gabel
- ✘ Töpfermesser oder Skalpell (aus der Apotheke)
- ✘ Schaschlikspieß
- ✘ Modellierholz

GLASUR

- ✘ 8 Bank: Orbit (Jäger)
- ✘ 8 Baum und Boden: Nappa metallic (Welte)

VORLAGEN (BANK)

- ✘ trapezförmige Sitzfläche mit 11 und 14 cm Kantenlänge, dazwischen die Seiten mit 5 cm;
- ✘ Rückenlehne 11 x 4 cm groß;
- ✘ Armlehne 3 x 1,5 cm groß;
- ✘ Fußteil 4 x 2,5 cm groß

SO WIRD'S GEMACHT

Den Ton ausrollen und für das Gesamtarrangement eine 21 x 33 cm große Bodenplatte ausschneiden; ringsum am Rand einen Tonstreifen von 1 cm Breite und 0,5 cm Höhe befestigen.

BANK

Schneiden Sie die Teile nach Vorlage zu und schneiden außerdem aus den beiden Armlehnen und Fußteilen über eine Längsseite ein Rechteck aus, so daß nur ein U-förmiger Rahmen stehenbleibt (s. Zeichnung). Bank zusammensetzen.

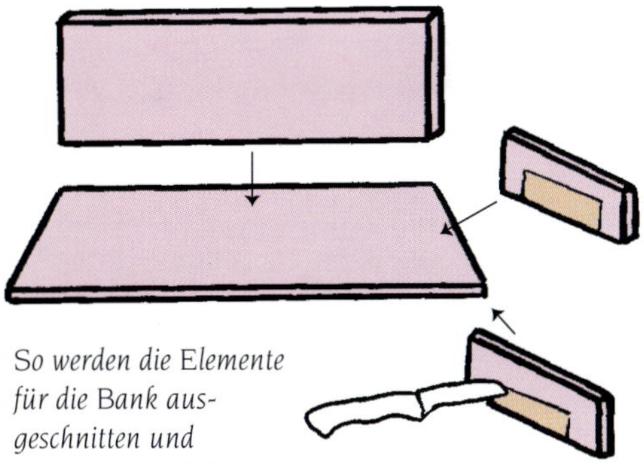

So werden die Elemente für die Bank ausgeschnitten und zusammengesetzt.

BAUMSTAMM-VASE

Hinter der Bank steht eine Vase, die als Baumstamm ausgebildet ist. Schneiden Sie dazu aus der Tonplatte einen runden Boden mit 5 cm Durchmesser aus und formen Sie mit einer zusätzlichen Seitenwand (11 cm Höhe) daraus eine Röhrenvase (Technik s. Seite 26). Außerdem werden zwei kleinere Röhren mit 5,5 cm und 3,5 cm Länge und 1 cm Durchmesser als Äste angefertigt. Ein Ende schräg abschneiden, das andere leicht zusammendrücken. Mit dem abgeschrägten Ende am Baumstamm anmodellieren, den

Stamm etwas verformen und mit einem Modellierholz Rillen einkerben (Rindenimitation). Den Baumstamm stellen Sie in eine Ecke der Bodenplatte, davor wird die Bank plaziert. Ringsherum mit der Gabel Rillen in die Bodenplatte einritzen.

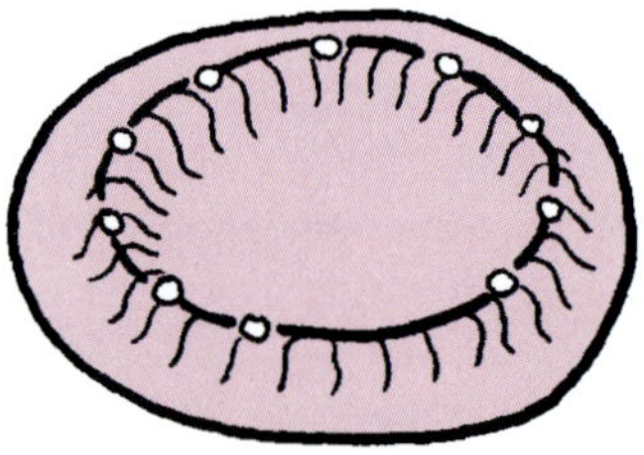

NEST (s. Zeichnung)

Das Nest wird aus einem Tonkreis mit 11 cm Durchmesser modelliert. An der Unterseite drücken Sie 2 cm vom Rand entfernt mit dem Zeigefinger ringsum den Ton nach oben, so daß eine Kuhle entsteht. In den hochgewölbten Rand mit dem Schaschlikspieß im Abstand von 1 cm Löcher einstechen – ohne Löcher bleibt ein Abschnitt von etwa ¼ des Umfangs (sozusagen der »Zugang« zum Nest).

ZAUN

Für die Einfassung einen Tonstreifen von 50 cm Länge und 5 cm Breite ausschneiden; mit dem Töpfermesser wird das Muster nach Vorlage (s. Zeichnung) ausgeschnitten. Anschließend den Zaun auf dem Randstreifen der Bodenplatte befestigen.

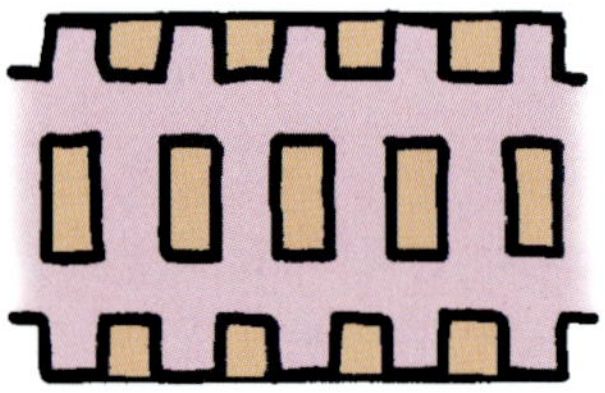

Zaunmuster ausschneiden

HASEN (s. Zeichnung)

Formen Sie aus dem feinschamottierten Ton zwei Eier: den Körper mit etwa 4 cm, den Kopf mit etwa 1 cm Durchmesser. Dann den Kopf auf dem Körper befestigen.
Für die Ohren eine Wulst formen, diese der Länge nach durchschneiden und die beiden Hälften nebeneinander auf den Kopf setzen.
Kerben Sie die Ohren dann mit dem Modellierholz ein; die Ohrspitzen zusammendrücken und den Ohransatz zur Nase hin ausstreichen.
Augen und Barthaare eindrücken, einen kleinen Tonball als Schwanz ansetzen und mehrmals mit dem Schaschlikspieß einstechen. Für die Vorderpfoten setzt man das Modellierholz im unteren Viertel der »Eispitze« an und drückt den Tonabschnitt nach unten.

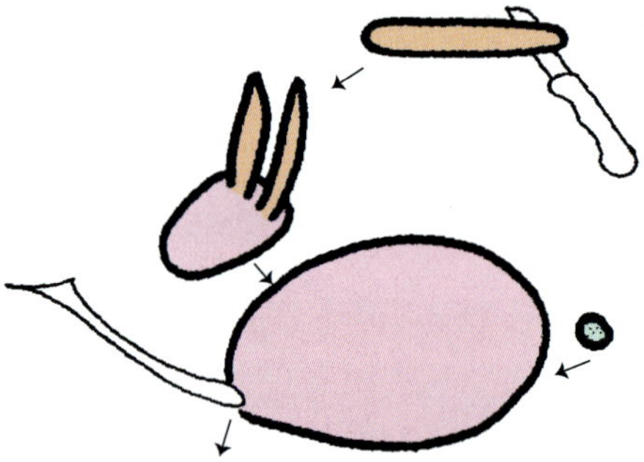

So einfach nimmt der Tonhase Gestalt an.

FERTIGSTELLEN

Baumstamm, Bank, Hase und Nest werden separat getrocknet; den Zaun mit Folie bedecken und zusätzlich alles mit Zeitungspapier abdecken. Nach dem Schrühbrand den Baum, den erhöhten Rand und die Unterseite der Bodenplatte mit Nappa metallic glasieren. Die Bank erhält eine andere Farbe.

Nach dem Glasurbrand können Sie nach Wunsch Kressesamen in die Rillen der Bodenplatte aussäen.
Die Baumstamm-Vase wirkt sowohl mit Blumen als auch mit österlichen Zweigen. In die Löcher des Nests kleine Ästchen stecken und die Kuhle mit Moos auspolstern.

HASENBESUCH

So wirkt das Osternest mit Inhalt gleich viel lustiger und »echter«. Sie können dem »zünftigen Gesellen« natürlich auch einen lauschigen Winkel ganz für sich allein reservieren.

TECHNIK

- Kugel (s. Seite 17)
- Plattentechnik (s. Seite 26)

MATERIAL

- weißer Ton, Schamotteanteil 4010
- Wellholz
- Kugelschreiberhülle
- Zahnstocher

GLASUR

- Zähne: Perlenweiß (Welte)
- Haare: Currybraun (Welte)
- Hose: Ozeanblau (Welte)
- Träger: Nappa metallic (Welte)
- Augen: Schwarz glänzend (Welte)
- Dekorfarben: rot, blau, gelb

SO WIRD'S GEMACHT

KÖRPER

Der Körper besteht aus einer hohlen Eiform. Formen Sie dazu aus zwei tennisballgroßen Tonbällen eine Kugel (s. Technik: Kugel, Seite 17). Eine Hälfte wird zwischen den Handballen etwas spitz gerollt, so daß ein großes Ei entsteht. Dieses Ei bildet den Rumpf, Rücken und Bauch werden etwas abgeflacht.

BEINE

Für die Beine bilden Sie jeweils eine Tonwulst mit 3,5 cm Durchmesser und 15 cm Länge. Ein Ende wird jeweils schräg abgeschnitten und am Körper anmodelliert; die Füße im rechten Winkel umbiegen und etwas zusammenstauchen (damit die Proportion besser stimmt und eine größere Standfläche entsteht). Den Knöchelbereich drücken Sie ringsherum mit den Fingern zusammen.

ARME

Auch die Arme entstehen aus Tonwülsten – mit 16 cm Länge und 1,5 cm Durchmesser. Ein Ende wieder jeweils schräg abschneiden, seitlich am Körper anlegen und mit diesem verbinden. Anschließend winkeln Sie die Arme zum Bauch hin an, drücken den Oberarm etwas flacher, engen das Handgelenk ein, formen auch die Hand etwas flacher und biegen diese jeweils leicht nach innen um.

KOPF

Den Kopf formen Sie genau wie den Körper als Ei – allerdings bilden hier zwei lediglich walnußgroße Tonbälle die Ausgangsmenge. Legen Sie dann auf den Körper eine Tonwulst für den Hals auf, stellen Sie den Kopf darauf und verstreichen Sie die Wulst übergangslos nach oben und unten.
Die Augenhöhlen einzeln mit dem Daumen eindrücken und die Augen mit der Kugelschreiberhülle und dem Modellierholz markieren.
Als Ohren werden zwei flachgedrückte Tonwülste auf dem Kopf plaziert. Um den Ohrenansatz eine Tonwulst legen und diese am Hinterkopf glatt verstreichen. Im Stirnbereich wird sie mit einer Kugelschreiberspitze mehrmals eingedrückt, so daß der Eindruck von Fell entsteht.
Im Mundbereich wird mit einem Modellierholz bis zum Kopfinneren eingestochen. Beim Herausziehen der Masse das Modellierholz nach unten drücken, so daß auf der Unterseite der Ton hervorquillt; diesen nach unten wölben, woraus die Unterlippe entsteht. In Verlängerung der Oberlippe einen Tonstreifen auflegen; dabei die Nasenspitze mit einer Kugelschreiberhülle eindrücken, seitlich davon mit dem Modellierholz den Bart einkerben.
Aus flachgedrückten Tonwülsten werden zwei Zähne in den offenen Mund gesteckt.

HOSE

Für die Hose wird ein Tonstreifen ausgeschnitten, der 2,5 cm länger als der Bauchumfang sein soll.
Die Breite entspricht dem Abstand zwischen Taille und halber Beinlänge.
Legen Sie den Streifen in der Bauchmitte an und wickeln Sie ihn locker um die Taille. Das Ende sichtbar überlappen und daraus den verdeckten Reißverschluß arbeiten.
Im Schrittbereich den Ton an den Körper anlegen und übergangslos verstreichen.
Die Hosenträger werden aus flachgedrückten Tonwülsten gearbeitet und aufgelegt.

FERTIGSTELLEN

Arbeiten Sie zum Schluß noch bereichernde Details, wie Hosenknöpfe, Zehen u. a. heraus. Für den Körper und Hals ein senkrechtes Entlüftungsloch stechen. Den Hasen, je nach Standfestigkeit, beim Trocken gegebenenfalls abstützen.
Nach dem Schrühbrand werden die einzelnen Partien glasiert bzw. mit Dekorfarben bemalt.

SCHWIBBOGEN-PARADE

Zu Ostern können sich unter dem Halbrund mit Eierkerzen und Vögeln Hasen im Moos tummeln, in der Weihnachtszeit kommen die weißen Elche zwischen Tannen zu Besuch, darüber funkeln Sterne und Weihnachtskerzen. Im Sommer kann der Platz unter dem Bogen z. B. von Maikäfern, Igeln und Blumen erobert werden.

TECHNIK

Plattentechnik (s. Seite 26)

MATERIAL

- roter Ton, Schamotteanteil 4010 und 2005/2505
- weißer Ton (Elche), Schamotteanteil 2005/2505
- Wellholz
- Zirkel
- Schaschlikspieß
- Kanthaldraht oder dünne Stahlnägel
- kleine Glühbirne
- etwas Haushaltspapier, mit Öl getränkt
- verschiedene Ausstecher: Kreis mit Ø 4 cm, Tannenbaum, Vögel, Hasen, Mond, Sterne

GLASUR

- Sterne, Mond: Sonnengelb (Jäger)
- Tannenbäume: Avocadogrün (Welte)

VORLAGEN (SCHWIBBOGEN)

Äußeren Kreis mit Ø 33 cm und mittig inneren Kreis mit Ø 22 cm zeichnen. Den entstandenen Ring halbieren.

SO WIRD'S GEMACHT

SCHWIBBOGEN

Den grobschamottierten Ton (4010) ausrollen und die ovale Bodenplatte (37 x 15 cm) ausschneiden. Mit Hilfe der Vorlage auch den Bogen ausschneiden und die beiden Teile zwei Stunden ohne Abdeckung antrocknen lassen. Danach den Bogen senkrecht auf die Bodenplatte montieren.
Für die Kerzenhalter drei Kreise ausstechen. Um diese gleichmäßig zu wölben, reiben Sie eine Glühbirne mit ölgetränktem Haushaltspapier ein und drücken die Tonkreise jeweils an der Wölbung des Glases an. Anschließend werden die runden Halter mit Hilfe einer Tonstütze waagerecht auf den Bogen montiert. Durch die Mitte stecken Sie jeweils ein 3 cm langes Stück Kanthaldraht oder einen dünnen Drahtnagel, lassen aber 1,5 cm davon nach oben überstehen (dient als Kerzendorn).
Nun werden zur Aufhängung für die schwebenden Motive mit dem Schaschlikspieß noch drei Löcher in den Bogen gestochen.

ANHÄNGER

Aus dem feinschamottierten Ton stechen Sie die Motive (Vögel, Mond, Sterne) aus; sie werden mit einem Schaschlikspieß strukturiert.

HASEN

Auch die Hasen können mit Hilfe von Ausstechern gestaltet werden. Oder Sie formen Sie, wie in der Abbildung zu sehen, plastisch aus (Anleitung s. Seite 34).

TANNENBÄUME

Zur Gestaltung der Tannenbäume benötigen Sie für einen stehenden Tannenbaum jeweils zwei ausgestochene Tannenbäume: Ein Baum wird in der Mitte senkrecht halbiert; die beiden Hälften an Vorder- und Rückseite des zweiten Baums mittig anmodellieren (s. Zeichnungen).

Einen der Tannenbäume der Länge nach durchschneiden.

Die beiden Hälften am zweiten ganzen Baum anmodellieren.

ELCHE

Die Elche werden aus weißem Ton modelliert. Für den Körper formen Sie einen Ball mit 4 cm Durchmesser und drücken mit dem Daumen ein Loch ein. Die Öffnung etwas weiten. Der Kopf entsteht aus einem Tonball mit 2 cm Durchmesser. Eine Seite rechteckig ausformen und nach vorne hin verjüngen (Schnauze). Eine Geweihgabel besteht aus drei dünnen Tonröllchen, die an der kugeligen Seite des Kopfes seitlich anmodelliert werden. Den fertigen Kopf auf den Körper setzen und vom Kopf her den Ton in Richtung Körper verstreichen; so bildet sich der Hals aus. Zum Schluß Details im Gesicht einstechen.

HINWEIS

Um den Schwibbogen variabel bestücken zu können, müssen Sie die Objekte vom Bogen getrennt in den Glasurbrand geben.

FROHE WEIHNACHTSZEIT

HEILIGE FAMILIE

Diese schlichte Figurengruppe vermittelt eine innige Stimmung zur Advents- und Weihnachtszeit. Schaffen Sie z. B. mit Materialien aus der Natur eine passende und stimmungsvolle Umgebung.

TECHNIK

- Tonwülste (s. Seite 10)
- Bälle (s. Seite 12)

MATERIAL

- roter Ton
- Kochlöffel

SO WIRD'S GEMACHT

Um die Figurengruppe zu formen, rollen Sie eine 27 cm lange und 5 cm dicke Tonwulst aus. Diese U-förmig biegen, so daß die Schenkellänge etwa 10 cm beträgt, der Bogen dazwischen etwa 7 cm lang ist.
Den Bogen mit der Öffnung nach unten aufstellen, die beiden »Säulen« am Bauch etwas flachdrücken und im Inneren von unten nach oben mit einen Kochlöffel-Stiel durchbohren. Die Verbindung zwischen den beiden »Säulen« wird auf einer Seite nach oben ausgedrückt, so daß eine ovale, schräge Abflachung mit einem »Rahmen« entsteht. Dieser bildet die Auflage für das Kind (s. Zeichnung).
Das Christkind formen Sie aus einem Ball mit etwa 1,5 cm Durchmesser und einer Tonwulst von 4 cm Länge und 1,5 cm Breite. Die Wulst an einem Ende schräg abschneiden und an dieser Stelle den Ball anpressen; das andere Ende zur Mitte hin stauchen. Schneiden Sie dann die Wulst an einer Längsseite flach ab und modellieren Sie die Schnittstelle über dem unteren »Rahmenteil« an.
Als Köpfe für die beiden Figuren werden jetzt noch zwei etwa gleich große Tonbälle (Durchmesser knapp 3 cm) angebracht. Den Ball über dem Babykopf leicht spitz nach unten drücken, so daß der Eindruck einer Neigung entsteht, den anderen Ball an den Seiten etwas abflachen. Zwischen den beiden Köpfen eine leichte Delle eindrücken.

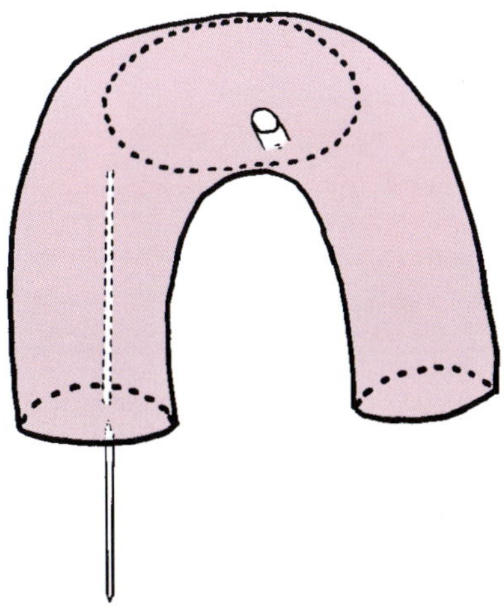

Rohform der Figurengruppe. Entlüftungskanal mit einem Kochlöffelstiel bohren.

LEUCHT-SCHNEEMANN

In der kalten Jahreszeit können Licht und Wärme nicht schaden. Damit es auch dem Schneemann nicht zu kalt wird, ist der Hals mit einem Schal umwickelt.

TECHNIK

Kugel (s. Seite 17)

MATERIAL

- weißer Ton
- Formhilfe: Halbkugeln, Ø 15 cm und 25 cm
- Wellholz
- Sternausstecher

GLASUR

- Hut: Kosmosschwarz (Welte)
- Nase: Kardinalrot (Jäger)
- Körper: Perlmuttflimmer

SO WIRD'S GEMACHT

Für den Körper eine Kugel mit 25 cm Durchmesser herstellen (s. Technik: Anfertigen einer Halbkugel/Kugel in einer Formhilfe, Seite 23). Der Kopf besteht aus einer Kugel mit 15 cm Durchmesser. Die große Kugel auf der Arbeitsfläche etwas andrücken, damit eine Standfläche entsteht. Die kleine Kugel auf die große Kugel setzen und mit einer Tonwulst verbinden.

Für die Nase wird eine Tonwulst zur Möhre geformt und auf halber Kopfhöhe angebracht. Augen und Mund ausschneiden. Anschließend werden drei kleine Tonbälle flachgedrückt und als Knöpfe am Körper angebracht. Mit dem Sternausstecher die Sterne auf dem Körper leicht eindrücken, so daß der Abdruck sichtbar ist (nicht ausstechen!). Im Rückenteil eine Öffnung für das Licht ausschneiden.

Jetzt erst die Sterne ausschneiden (evtl. ist Gegendruck von innen nötig, damit der Körper beim

Schneiden nicht nach innen gedrückt wird; deshalb die Hand oder den Kochlöffel durch die Lichtöffnung führen und gegendrücken). Für die Beleuchtung des Kopfes entweder am Hinterkopf eine Öffnung ausschneiden oder von der unteren zur oberen Kugel.

HUT

Für den Hut einen Tonkranz mit 27 cm Außendurchmesser und 15 cm Innendurchmesser ausschneiden; den Innenkreis aufbewahren, da er als Hutdeckel noch gebraucht wird. Für die Seitenwand des Huts einen Tonstreifen von 47 cm Länge und 7 cm Breite ausschneiden. Den Streifen um den Innenkreis legen und mit diesem verbinden. Die andere Seite des Tonstreifens bringen Sie an der Innenseite der Krempe an. Setzen Sie nun dem Schneemann seinen Hut auf und kontrollieren Sie, ob er paßt; notfalls korrigieren.

Hut und Schneemann getrennt trocknen und schrühen.

KERZENKRÄNZE

Dieser Kranz dient als attraktive Variante des Adventskranzes aus grünen Zweigen oder als dauernder Begleiter durch den Winter. Lassen Sie die Sterne sprechen... tagsüber und vor allem in den Abendstunden.

TECHNIK

Plattentechnik (s. Seite 26)

MATERIAL

- roter Ton
- Wellholz
- Sternausstecher in verschiedenen Größen
- Glühbirne
- ölgetränktes Haushaltspapier
- verschieden große Kreisflächen oder Teller

GLASUR

- Meerwasser (BSZ)
- Sonnengelb (Jäger)
- weißer Opal (BSZ)
- Louisiana (Welte)

SO WIRD'S GEMACHT

Rollen Sie den Ton aus. Dann wird mit Hilfe eines Tellers eine Kreisfläche ausgeschnitten, aus der Sie mit einer weiteren Kreishilfe die Innenfläche herausnehmen, so daß ein Kranz entsteht.
Als Kerzenhalter 5 cm große Tonsterne ausstechen und über der vorher mit Öl bestrichenen Glühbirne halbrund biegen. Die Halter auf dem Kranz anbringen; dazwischen können noch flache kleinere Sterne »verstreut« werden.

VERSCHNEITES WINDLICHT-HAUS

Wie ein Lebkuchenhaus präsentiert sich dieses originelle Windlicht, mit dem die Umgebung sich zum verschneiten Märchenwald wandelt.

TECHNIK

Plattentechnik (s. Seite 26)

MATERIAL

- brauner Ton
- Wellholz
- Garnierausstecher, Skalpell oder Kugelschreiberhülle

GLASUR

weiße Engobe oder weiße Sinterengobe

VORLAGEN

- Giebelseite: Breite 9 cm, Seitenhöhe 7,5 cm, Giebel 9 cm Seitenlänge
- Hauswand: Breite 11 cm, Höhe 7,5 cm
- Dach: Breite 13 cm, Länge 4,5 cm
- Schornstein: 3,5 x 4 cm, 3,5 x 1,5 cm
- First: Tonwulst, 12,5 cm lang, Ø 1,5 cm

SO WIRD'S GEMACHT

Den Ton ausrollen, alle Wand-, Giebel- und beide Schornsteinseiten je zweimal ausschneiden, das Dach-

teil sechsmal. In das Dachteil vier Biberschwänze einzeichnen und die Rundungen nachschneiden. Für jede Dachseite drei Reihen mit den einzelnen Dachteilen überlappend aneinander legen und auf der Unterseite verbinden. Die Teile decken Sie mit Zeitungspapier ab und lassen Sie über Nacht antrocknen. Am nächsten Tag Tür und Fensteröffnungen ausstechen bzw. ausschneiden (s. Abbildung).
Nun können Sie das Haus zusammenbauen (Tonwülste als Verbindung nicht vergessen!), wobei die Giebelseiten zwischen die Wandseiten gestellt werden.
Fenster, Dach und Schornstein vor dem Schrühbrand nach Lust und Laune mit weißer Engobe bemalen.

TIP

Zusätzlich mit weißer Plusterfarbe (Stoffmalfarbe – Frottee-Imitat) bemalt, sehen Dach und Schornstein richtig schön verschneit aus.
Wenn Sie Duftöl in den Schornstein tropfen (ohne Wasserzugabe), verbreitet das Häuschen weihnachtlichen Wohlgeruch.
Als Adventskalender verwendet, muß das Haus jeden Tag gefüllt werden. Vielleicht bauen Sie für jedes Familienmitglied ein eigenes Häuschen?

TISCHLEIN DECK' DICH

GETIGERTE KATZENTASSE

Mit dieser fröhlichen Tasse werden Sie Kindern und Katzenfreunden das Frühstück, den Geburtstag oder die Ferien versüßen.

TECHNIK

Plattentechnik (s. Seite 26)

MATERIAL

- weißer Ton
- Engobe, blau
- Wellholz
- Untertasse
- Speiseteller

GLASUR

Transparent (Welte)

VORLAGEN

- Tassenboden: Kreis, Ø 7,5 cm
- Tassenrand mit Henkel (Schwanz): Bogen zwischen den beiden Tellern, Abstand 6,5 cm und 28 cm Kantenlänge (s. Zeichnung)
- Kopf: Kreis, Ø 4 cm und Hals mit 1,5 cm Breite und 3 cm Länge

SO WIRD'S GEMACHT

Den Ton ausrollen und mit Hilfe der Vorlagen die entsprechenden Teile aus der Platte ausschneiden. Biegen Sie den Bogen zu einer Röhre und lassen Sie das Ende an einer Seite 6 cm nach außen überstehen; die Nahtstelle an der Innenseite verbinden. Aus dem überstehenden Rand an der Tassenwand entlang ein Dreieck ausschneiden. Den Tassenrand mit dem runden Boden mittig, das untere Ende des überstehenden Randes bündig mit dem Boden verbinden, notfalls passend zuschneiden.

So formen Sie die Tasse. Die orangefarbenen Flächen werden ausgeschnitten.

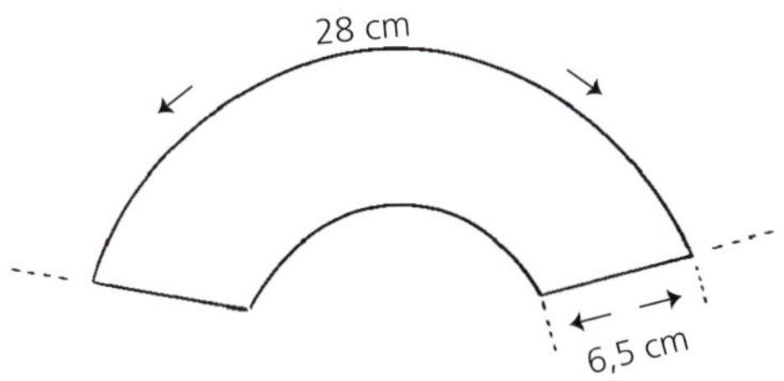

»Schnittmuster« für die Tassenwand

Aus dem Kopfkreis wird ein Viereck ausgeschnitten (s. Zeichnung); den Hals etwas über der halben Höhe mit der Tassenwand verbinden und ausstreichen; die Tasse in Form biegen.

Die angesetzten, hervorstehenden Teile mit Folie, die Tasse selbst mit Zeitungspapier abdecken und trocknen lassen. Nach zwei Tagen kann die Tasse mit Engobe bemalt werden; danach wieder mit Zeitungspapier abdecken.

GUTE-LAUNE- UND SONNENSCHEIN-TELLER (s. auch Abbildung Seite 46)

So einfach sind Teller angefertigt, und so unkompliziert kann auch der Dekor entstehen: Ein paar Farben oder einige wenige Arbeitshilfen genügen, um Sonnenschein und gute Laune zu verbreiten.

SO WIRD'S GEMACHT

Den Ton ausrollen und die Platte über die Holzscheibe legen. Drücken Sie den Ton locker an die Scheibe an und schneiden Sie die Platte im Abstand von 3,5 cm vom Holzrand ringsum aus (s. Zeichnung). Mit Zeitungspapier abdecken und so ein paar Stunden oder über Nacht antrocknen lassen.

Drehen Sie nun den Teller mit der Scheibe um und klopfen Sie ihn auf der Arbeitsplatte auf, so daß der Boden plan aufliegt. Die Scheibe entfernen und ringsum die Kante des Tellerrandes versäubern. Jetzt können Sie den Tellerrand nach unten wölben.

TECHNIK

Plattentechnik (s. Seite 26)

MATERIAL

- weißer Ton
- Wellholz
- Kork- oder Holzscheibe (z. B. Untersetzer), Ø etwa 16 cm
- geriffelter Flaschendeckel, Tortentülle

GLASUR

- Gute-Laune-Teller (s. Abbildung Seite 46): Engobe; Innenfläche: Engobe, blau; Rand: Engobe, rot; Dekorfarbe, kanariengelb (Welte); Transparent glänzend (Welte)
- Sonnenschein-Teller: Rand: Ozeanblau (Jäger); Innenfläche: Sonnengelb (Jäger)

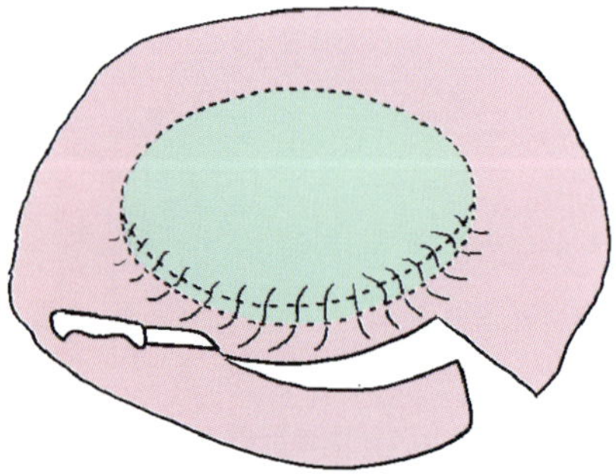

Die Tonplatte für den Teller über eine Scheibe legen, andrücken und ringsum ausschneiden.

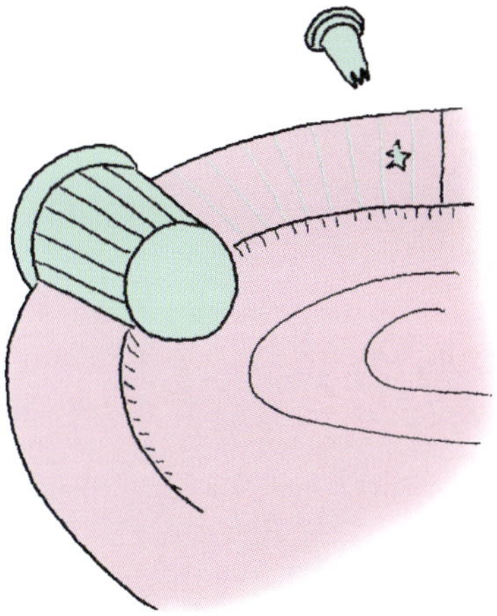

Mit einem geriffelten Flaschendeckel den Tellerrand abrollen, die Sonnenmotive entstehen durch Eindrücken der Tortentülle.

SGRAFFITO-PLATTE

Mit »Sgraffito« wird eine Technik bezeichnet, bei der durch eine Farbschicht hindurch Ritzmuster angelegt werden. An diesen Stellen kommt die darunterliegende, andersfarbige Schicht zum Vorschein.

TECHNIK

Plattentechnik (s. Seite 26)

DEKOR

Sgraffito-Technik

MATERIAL

- weißer Ton
- Wellholz
- ovales Holzbrettchen oder Platte, etwa 27 x 18 cm
- Gabel
- Schaschlikspieß

GLASUR

- Engobe, blau
- Transparent glänzend (Welte)

SO WIRD'S GEMACHT

Rollen Sie den Ton aus. Ein ovales Holzbrett o. ä. auf die Tonplatte auflegen und ausschneiden. Vorlage entfernen, den Rand der Tonplatte etwa 1 cm hochbiegen. Dann die Platte mit Zeitungspapier abdecken. Nach etwa zwei Tagen die Oberfläche zweimal mit Engobe bestreichen. Auf der Innenfläche wird mit der Gabel über Kreuz ein Gittermuster eingeritzt, am Rand entlang mit dem Schaschlikspieß ein kleines Muster zeichnen. Die Platte abdecken und trocknen lassen.

Nach zwei Tagen wird die Innenfläche mit blauer Engobe überzogen; rings um die Außenkante tragen Sie rote Engobe auf (Gute-Laune-Teller, s. Abbildung Seite 46). Nach dem Schrühbrand den Rand mit gelben Punkten (Dekorfarbe) verzieren und alles mit Transparent glänzend glasieren.
Eine andere Möglichkeit besteht darin, den Tellerrand mit einem geriffelten Flaschendeckel ringsum zu strukturieren (s. Zeichnung) und mit dem Einsatz einer Spritztülle die Motive einzukerben (Sonnenschein-Teller, s. Abbildung Seite 48).

VERLOCKENDE KÄSEGLOCKE

Eine Käseecke, die (ent)hält, was sie verspricht – oder auch einfach als dekoratives Küchenobjekt...

TECHNIK

Plattentechnik (s. Seite 26)

MATERIAL

- weißer Ton
- Wellholz
- Kochlöffel

GLASUR

- Maus: natur
- Boden: Engobe, braun; Transparent glänzend (Welte)
- Käse: Dekorfarbe, rot (Welte); Sonnengelb (Jäger)

VORLAGEN

- Bodenplatte: Dreieck mit zwei gleich langen Seiten (15 cm) und einer gebogenen Seite (17 cm)
- Deckel: Rechteck, 8 x 15 cm, für die Seitenwände; Dreieck mit zwei gleich langen Seiten (14 cm) und einer gebogenen Seite (15 cm)

SO WIRD'S GEMACHT

Ton ausrollen. Bodenplatte und Dreieck des Deckels werden mit Hilfe der Vorlagen je einmal ausgeschnitten, das Rechteck dreimal. Decken Sie dann die Platten mit Zeitungspapier ab und lassen Sie sie drei bis vier Stunden trocknen, evtl. auch länger. (Sie sollen so trocken sein, daß sie standfest sind, aber auch noch so feucht, daß man sie eindrücken kann).
Im Abstand von 2,5 cm von den Ecken der Bodenplatte werden nun

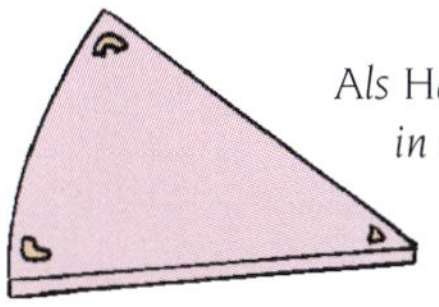

Als Halterung für den Deckel in den Ecken der Bodenplatte kleine Tonwülste aufmodellieren.

kleine Tonwülste aufmodelliert – sie dienen später als Halterung für den Deckel (s. Zeichnung).
Ein Rechteck für die Seitenwand legen Sie um die gebogene Seite der Deckeloberseite, die beiden anderen werden an den geraden Seiten befestigt (s. Zeichnung).
Vergessen Sie nicht, alle Kanten von innen gut mit Tonwülsten zu verbinden (weitere Hinweise s. Seite 26).
Den fertigen Deckel umdrehen und mit dem Kochlöffelstiel die Käselöcher eindrücken, aber nur andeuten.
Setzen Sie nun den Deckel auf die Platte, um den Überstand der Bodenplatte zu kontrollieren. Falls dieser nicht gleichmäßig sein sollte, korrigieren.
Beide Teile getrennt trocknen lassen. Nach zwei Tagen die Bodenplatte mit brauner Engobe bemalen. Nach dem Schrühbrand malen Sie die Käselöcher mit roter Dekorfarbe und legen flächig Gelb darüber. Die Maus wie auf Seite 12 beschrieben modellieren.

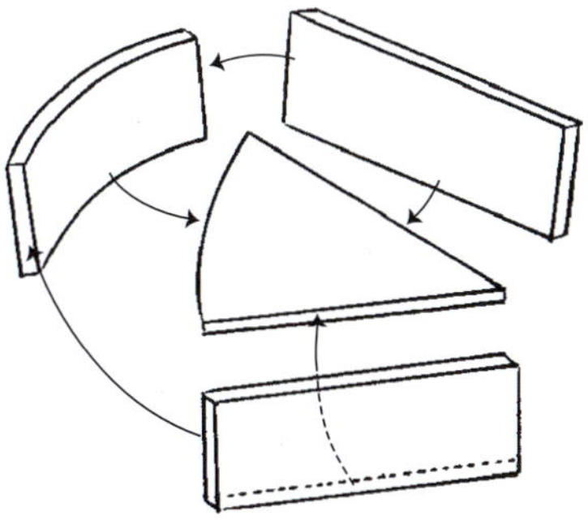

So werden die Platten für den Deckel zusammengefügt.

DEKORATIVE WOHNIDEEN

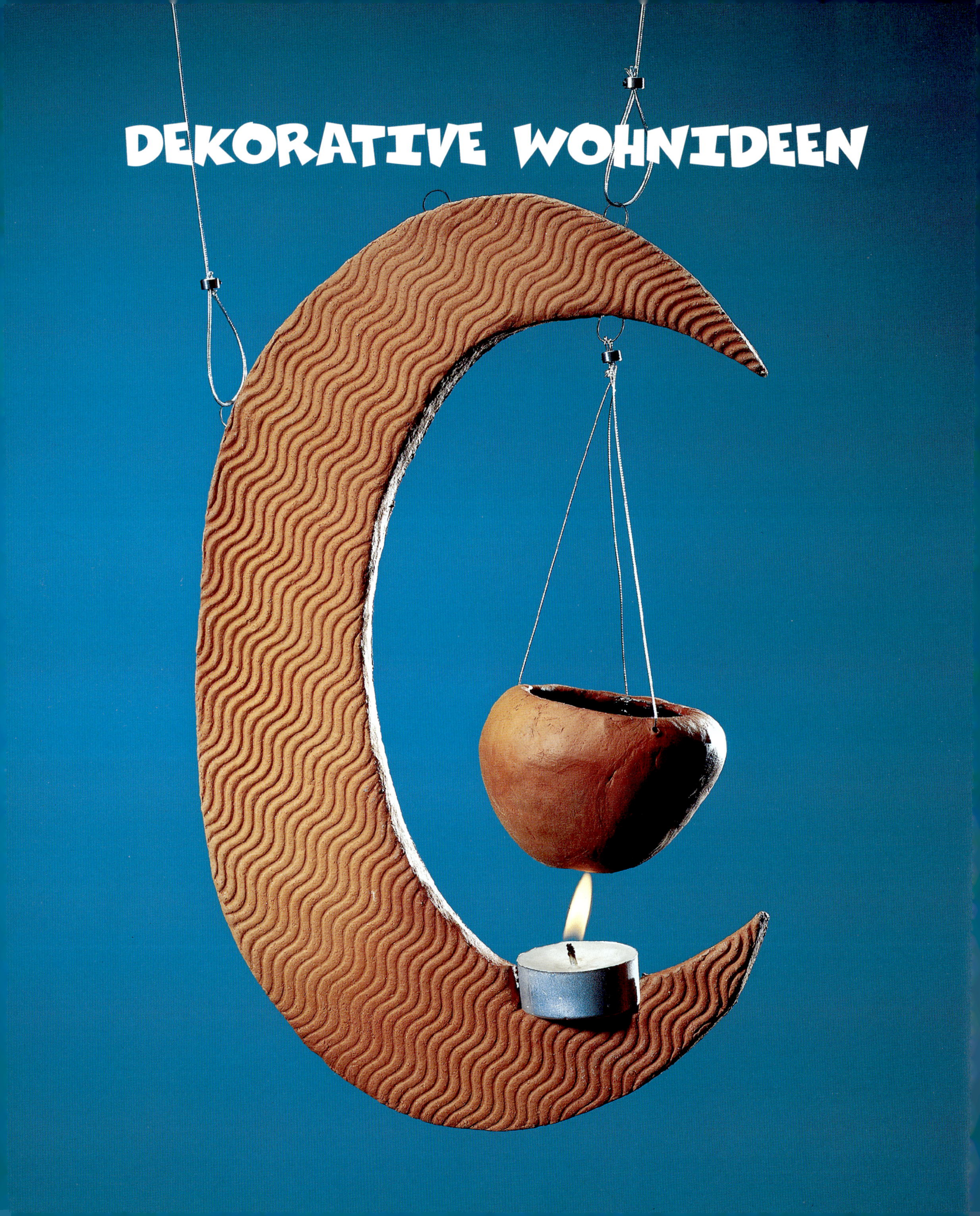

BLÄTTER

Roten Ton ausrollen. Blätter von unterschiedlicher Größe (hier: 6 bis 10 cm Durchmesser) ausschneiden, Adern einkerben und den Blattrand leicht nach oben biegen. Auf der Unterseite eine Tonwulst als Blattstengel anbringen. Der Stengel muß so lang sein, daß die Blätter später auf der Wasseroberfläche »schwimmen«.

FRÖSCHE

Roten Ton ausrollen und Rechtecke von 6 x 3 cm, 8 x 4 cm und 10 x 6 cm ausschneiden. Die Rechtecke verbinden Sie jeweils zu einer Röhre. Eine Hälfte der Röhrenöffnung gewölbt zur Röhrenmitte hin biegen, die seitlichen Überlappungen verstreichen. Auf die Wölbung setzen Sie zwei kleine Tonbälle als Augen auf. Dann einen dünnen Tonstreifen wie ein Tuch seitlich in Höhe der Mundöffnung locker über die Augen bis zur gegenüberliegenden Seite hin anlegen. Zwischen den Augen den Tonstreifen mit einem Modellierholz nach unten drücken, so daß eine Einkerbung zwischen den Augen entsteht. Die seitlichen Ansatzstellen übergangslos verstreichen. Die Pupillen werden mit einer Kugelschreiberhülle markiert. Die Unterlippe leicht V-förmig nach außen biegen. Die Frösche entweder auf die Blätter modellieren oder Tonwülste als Ständer anmodellieren.

SEEROSE

Für die Seerose schneiden oder stechen Sie aus der Tonplatte einen Stern aus und biegen die Spitzen nach oben. Für eine gefüllte Seerose setzen Sie im Kreis mehrere Zacken an.

ZWERGERLSITZUNG

Ein lustiger kleiner Geselle von »märchenhaftem« Charme.

TECHNIK

- Tonwülste (s. Seite 10)
- Ball (s. Seite 12)
- Kugel (s. Seite 17)

MATERIAL

- weißer Ton
- Modellierholz
- Schaschlikspieß

GLASUR

- Mütze und Hose: Louisiana (Welte)
- Hemd: Buntgraniti (Welte)
- Haare: Braunstein
- Schuhe: Nappa metallic (Welte)

SO WIRD'S GEMACHT

Für den Rumpf und die Beine eine Tonwulst von 10 cm Länge und 4 cm Durchmesser ausrollen. Die Wulst von einem Ende bis zur Mitte längs halbieren (die Beine entstehen).
Die Beine etwas flachdrücken und am Ende verjüngen.
Für die Schuhe jeweils einen Ball (Durchmesser 1,5 cm) leicht auf die Arbeitsunterlage aufdrücken, so daß eine gerade Fläche (Schuhsohle) entsteht. Anschließend die Schuhe mit den Beinen verbinden.
Als Kopf einen 2 cm großen Tonball auf den Rumpf aufsetzen. Auch für die Nase einen kleinen Tonball aufsetzen und beidseitig nach oben hin ausstreichen.
Die Arme werden als 4 cm lange und 1 cm dicke Tonwülste seitlich an den Schultern anmodelliert; das Ende jeweils etwas eindrücken. In diese Armhöhlen kleine Tonkugeln als Hände legen.
Das Hemd wird aus einem Tonstreifen von 10 cm Länge und 6 cm Breite zweimal ausgeschnitten; die Seitenteile nach oben hin etwas abschrägen. Vorder- und Rückenteil um den Rumpf legen, die Seitennähte und Halskante anpressen.
Haare und Bart bestehen aus Tonstreifen, die nach dem Anlegen mit dem Modellierholz strukturiert werden.
Die Zipfelmütze ist ein Tondreieck von 10 cm und zweimal 5 cm Kantenlänge.
Den Zwerg auf den Blumentopfrand setzen, im Schritt leicht eindrücken, das innen liegende Bein anwinkeln, das äußere fast waagerecht biegen. Der Arm über dem angewinkelten Bein wird am Blumentopfrand abgestützt, der andere Arm zur Brust hin gebogen. Nun können Sie den Zwerg vom Topfrand abheben und den Topfrandabdruck mit einem Modellierholz etwas vertiefen und ausweiten.
Zum Schluß die Figur vom Schritt bis in den Kopf mit einem Schaschlikspieß »entlüften«.

SCHWARZE RABENPLAGE

Diese lustigen Raben scheinen geradewegs einem Comic entflogen zu sein. Sie können sie einzeln aufhängen, im »Schwarm« zu einem Mobile verbinden oder vielleicht – mit einer Anstecknadel versehen – eine originelle Brosche daraus basteln.

TECHNIK

Plattentechnik (s. Seite 26)

MATERIAL

weißer Ton

VORLAGE

Schablone nach der Abbildung

BEMALUNG/VERZIERUNG

Kaltmalfarben (Acrylfarben) aus dem Töpfereizubehör; oder Plaka- bzw. Steinmalfarben

SO WIRD'S GEMACHT

Ton ausrollen und mit Hilfe der Schablone die Raben im Umriß ausschneiden; strukturieren und die Flügel leicht biegen.

Da die hängenden Raben von allen Seiten sichtbar sind, werden sie nach dem Brand mit Kaltmalfarben bemalt und mit Lackspray »glänzend« versiegelt. Solche Farben müssen nicht wie Glasuren heiß ausgebrannt werden. Daher eignen sie sich ideal für eine »Rundumbemalung« bei Ziergegenständen.

HAHN UND HENNE

Gemütlichkeit und ländliche Idylle verbreiten diese pummeligen Hausgenossen, die durchaus aber auch im Freien gackern und krähen können – ohne Stall und Gehege!

TECHNIK

Kugel (s. Seite 17)

MATERIAL

- roter Ton, Schamotteanteil 4010
- Pfannenwender
- Gabel
- Kugelschreiberhülle
- Wellholz

GLASUR

- Kämme: Mohnrot (Welte)
- Körper: Sinterengobe, grün und blau (Jäger)
- Schnabel: Sonnengelb (Jäger)
- Augen: Schwarz glänzend (Welte)

SO WIRD'S GEMACHT

Der Körper entsteht aus zwei apfelsinengroßen Tonbällen, die zu einer Kugel geformt werden (s. Technik: Kugel, Seite 17). Für den Kopf drücken Sie einen mandarinengroßen Tonball an einer Seite mit dem Daumen ein und verbinden ihn mit dieser Delle zur Kugel hin. Der Schnabel besteht aus einer 2 cm langen Pyramide, die auf halber Kopfhöhe angesetzt und mit dem Messer zu zwei Dritteln eingeschnitten wird; mit dem Schaschlikspieß die zwei Löcher im Schnabel und durch den geöffneten Schnabel ein Entlüftungsloch in den Kopf stechen.

Den Kamm bilden Sie aus einer plattgedrückten Tonwulst, die bei der Henne 5 cm lang und etwa 2 cm breit ist, beim Hahn etwa 6,5 cm lang und 2,5 cm breit. Nach oben hin wird der Kamm leicht wellenförmig ausgerichtet.
Unter dem Schnabel sitzt der »Lappen« (2,5 cm lang, oben 1,5 cm breit, unten 2,5 cm breit). Der Hahn bekommt neben den Schnabel noch »Seitenlappen«.
Die Augen werden mit der Kugelschreiberhülle eingedrückt.
Die Henne wird im Schwanzbereich mit beiden Händen ringförmig

umschlossen; dann pressen Sie die Kugel in Richtung Schwanzende zusammen, so daß sie sich nach hinten verjüngt. Das Schwanzende kann so mit den Fingern flach ausgeformt werden. Halskrause, Flügel und Schwanz mit einer Gabel einritzen. Beim Hahn legt man beide Hände um den Bauch und drückt die Finger zueinander, so daß ein schmaler Rücken entsteht. Die Schwanzfedern bestehen aus plattgedrückten Tonwülsten; auf jeder Seite werden von unten nach oben drei Tonwülste bogenförmig übereinander angelegt, eine Wulst auf dem Rücken bildet die Mitte. Die Halskrause wird durch Eindrücken mit einem Kochlöffelstiel besonders hervorgehoben.

Nach Fertigstellung von Hahn und Henne nicht vergessen, ein Luftloch zu stechen!

TIP

Soll das Huhn z. B. auf einer Stuhllehne sitzen, muß am Bauch unten ein 3 cm tiefer Spalt ausgeschnitten werden, der etwa 5 mm größer ist als die Stärke der Lehne.

KÜCHEN-KUH

Mit dieser hilfreichen »Kaltmamsell« macht das Kochen bestimmt wieder Spaß! Sie können das Prachtexemplar variabel »bestücken« und damit bei passender Gelegenheit durchaus auch einmal »zu Tisch« bitten.

TECHNIK

Kugel (s. Seite 17)

MATERIAL

- weißer Ton
- Kugelschreibermine
- Kugelschreiberhülle
- Modellierholz

GLASUR

- Körper: Zirkonweiß (Welte); Schwarz glänzend (Welte)
- Haare: Currybraun (Welte)

SO WIRD'S GEMACHT

Für den Körper wird aus zwei pampelmusengroßen Tonbällen eine Kugel modelliert (s. Technik: Kugel, Seite 17). Auch für den Kopf formen Sie eine Kugel – aus zwei mandarinengroßen Tonbällen.
Die große Kugel (Körper) mit beiden Händen umfassen und auf die Unterlage drücken, so daß sie plan aufliegt. Anschließend setzen Sie den Kopf auf den Körper und drücken ihn im Stirn-, Backen- und Kinnbereich etwas ein.
Eine Tonwulst von 2 cm Durchmesser ausrollen, als Halbbogen auf den Kopf setzen, Enden etwas verjüngen (ergibt Hörner aus einem »Guß«). Unterhalb der Hörner die Ohren ansetzen. Zwischen den Hörnern und über der Ansatzstelle der Ohren einzelne Tonstreifen als »Haare« auflegen und mit dem Modellierholz einkerben.
Die Augenhöhlen mit dem Kochlöffelstiel eindrücken. Für die Augäpfel kleine Bälle formen, in die Höhle legen und mit der Kugelschreibermine die Pupille markieren. Die Nasenlöcher werden mit der Kugelschreiberhülle eingedrückt. Das Maul mit dem Modellierholz einritzen und in der Mitte mit dem Schaschlikspieß zwei nebeneinander liegende Löcher bis in den Hohlraum des Kopfes stechen (Entlüftung).
Für die Arme und Beine Tonwülste (2 bis 3 cm Durchmesser, 24 cm lang) ausrollen und am Körper anmodellieren. Anschließend entsprechend biegen (s. Abbildung). Die Arme drücken Sie direkt über und unter dem Ellenbogen und am Handgelenk schmaler; umgekehrt wird die Hand zusammengestaucht, so daß sie dicker wirkt. Entsprechend die Beine über und unter dem Knie und an der Fessel schmaler drücken, den Fuß stauchen.
Der Schwanz besteht aus einer Tonwulst, deren Ende mit dem Modellierholz mehrmals als Quaste eingekerbt wird.

Entlüftungsloch für den Körper durch die »Sitzfläche« nicht vergessen!